U0284534

Let's brew it!

翻滚吧！咖啡

像冠军咖啡师一样冲咖啡

高雪 赵悦 编著

中国画报出版社·北京

每 个 人 对 咖 啡 的 味 觉

都 是 不 可 复 制 的 。

推荐序

福气咖啡

庄崧冽／雕刻时光创始人
zstudiopro 以果设计创始人／设计师

对咖啡这件事我是个不求甚解的人。

虽然喝咖啡已经将近三十年，从事咖啡馆行业也有十来年的时间，但是没想到在喝咖啡和研究咖啡这件事情上，我比起书中多数的新生代的专研者来说，实在是有不小的差距呀！但好在我们都是爱咖啡的人，如同我现在也爱上威士忌一样，咖啡令人着迷，不能自拔。

记忆里开始喝咖啡是在台湾小学五六年级时候的事情，那时候雀巢和麦斯威尔这样的速溶咖啡在电视台和杂志等媒体上的广告打得如火如荼，画面里经常会出现一帮俊男美女，在早上醒来窗外第一缕阳光照射眼帘时就已经准备起床冲咖啡了，而且他们都面带着自信和极具感染力的笑容，在急匆匆上班前，喝下了当天的第一杯咖啡，接下来画面里出现的台词是，每一天早上醒来，都是 XX 咖啡。

如此在电视和杂志上铺天盖地地播放咖啡广告，你想要逃离那种充满朝气和活力的饮品也就很难了。

直到来北京上大学时，我依然保留着喝咖啡的习惯，这时早已经从速溶换成现煮咖啡了。彼时要找到新鲜的咖啡豆很难，但依然让我找到了。那时候的西单百货商场卖一包包磨好的云南小粒咖啡，真空包装后像块小砖似的。我通常会骑着"二八"自行车从蓟门桥一直骑到长安街附近的西单百货，一路上路过师大周围的小书店、积水潭附近的音像店和白塔寺，然后买了咖啡再骑回家。那时候的北京热闹极了，街上卖什么的都有，很活泼，人们的表情也是放肆且朝气蓬勃的模样。

大三那年去新疆旅行时，我在绿皮火车硬座上随身携带的也是这一包云南小粒咖啡。但很不幸的是在火车上遇到了认识的人和一些漂亮姑娘，车子都还没抵达甘肃天水呢，咖啡早已经因为我一次次的招待和分享而被喝光了——于是这一路的新疆之旅就少了咖啡的香气——要知道 1996 年的新疆，哪来的什么咖啡豆啊，多的是马奶子葡萄和砖茶。

上完大学后我开了第一家咖啡馆，然后是第二家，第三家……第五十家……然后近 20 年就这样过去了。

这几年我仍然保持着拉杆箱里放上全套咖啡用具的习惯——一台不锈钢 Porlex 手摇磨豆机、一个折叠式咖啡滤架、一包滤纸和一包豆子，走到哪儿冲到哪儿，高铁上、酒店里、山坡上，搭配随身的 Stanley 热水壶简直是绝配。有这些喜欢的咖啡物件在身边，一起去旅行总觉得心安了不少——就像个知心朋友似的始终在身边支持着你，叫人感到很幸福。至于咖啡豆嘛，也没那么挑了，五花八门的……特别是最近自己开咖啡馆炒豆子的朋友渐渐多起来了，他们都会给我寄上几款他们的得意之作，我花心而贪婪地喝着朋友从远方邮过来的咖啡，享受着来自埃塞俄比亚、肯尼亚、哥斯达黎加、印度尼西亚、夏威夷等地咖啡的芬芳，也想象着他们在当地的生活方式和心情。

人生有个爱好是好事，你爱它时，它也会爱你——不由自主地去爱你，这便是最大的收获。

如果你也喜欢咖啡，那么这本书的内容是充满诚意的分享和交流，按照书中咖啡师们介绍的方法，让你的咖啡翻滚起来，我想这也是一种福气。

冲好咖啡，过好生活

查老师 / 资深咖啡专家
国际咖啡协会世界比赛国际评审
首位在华工作的卓越杯（Cup of Excellence）国际评审

没事为什么要自己冲咖啡？

以前的我是个粗糙的理工直男，穿衣服想的就是夏天要凉爽所以穿短裤，冬天要保暖，一件羽绒服撑整个冬天。吃东西，想的就是吃得饱；租房子也是只要有扇窗户、一张床，足矣！爱上咖啡之后，我开始不满足这样的生活。我不想过得庸庸碌碌、不知美与善为何物。我不想只是活过，我想要的是"过生活"！

也是在这时，我踏进了咖啡行业。但我一开始并没有那么优秀的咖啡评鉴能力。最初我的感受是模糊的，甚至充满挫折感。就拿冲咖啡来举例吧，当店长训练我为客人冲咖啡的时候，我总是会留下一小杯跟店长一起品尝，每天冲大约四五十杯咖啡。第一个月，我的舌头好像不是自己的，喝啥都觉得差不多，没法那么清晰地感受到每杯的差异。

后来我开始去感受细微的事物：感知衣服的剪裁与材质、光影的变化、土壤活力赋予蔬菜的风味，所以每当我在吃喝之时，第一个动作都是先闻味道，然后再进食，吃的时候，也会细嚼慢咽，去感受食物在口腔中的滋味、香气，还有口感。

当我试着用五感去尽可能地感受食物时，我对咖啡也慢慢有了不同的体会，可以尝出手法对于酸苦的影响，对于酸苦的质量也有了好坏判断。

有两个重要的转折点，让我的能力迅速爆发：一个是帮台湾咖啡冠军烘焙世界比赛用的豆子，另一个则是我自己参加比赛。这两次事件最大的共同点，就是让我认识了比我厉害的咖啡师，一位是台湾咖啡师比赛冠军张仲伦，另一位是也曾多次获得咖啡师比赛冠军的侯国全。利用他们的五感、他们对于咖啡的认知，以及多年累积下来的咖啡冲泡手法，他们做出的咖啡超乎我的想象。

喜爱一件事物，可以分很多层次：第一层是单纯的喜欢；再深一层，我们会赋予它意义与情感；再推进一层，就是拥有判别细微之处的能力。通过与两位冠军合作，我判别细微差异的能力，在短短两个月的时间内大幅提升，是我一开始完全没有想到的。

做咖啡多年，很容易累积出自己对于咖啡的成见，而透过别人的眼睛与知识，我们往往可以发掘新世界，也可以发现藏在咖啡中更加纤细的风味。

今天，通过高雪和赵悦的努力以及她们的好名声，首次有一本书可以聚集十多位咖啡业内的各路冠军，并透过高雪与赵悦的照片和文字，让我们可以迅速掌握咖啡冲泡的技术和不同的手法，可以让一款豆子发挥不同的风味，再透过不同风味的对比，可以发现细微之处的差异。一段时间积累下来，你们的判别品鉴能力，将会甩别人好几条街！

但是我们为什么要学习和了解咖啡的冲泡呢？

我们这一代人，有很大的机会活过一百岁，这样退休之后有三四十年的生活。如果是我，我希望在这些时间里面，可以有些好玩、值得探索的事物，冲煮咖啡，就是个好玩有趣、可以为生活带来色彩的嗜好。

一个人，可以冲上一杯咖啡，在清晨的阳光下读手中的《飞鸟与鱼》。两个人，一个人可以负责冲上一壶危地马拉，另一个人负责料理。三五个人，可以约在舒服的咖啡馆，坐在落地窗前，互侃大山，诉说过去的荣光。

冲好咖啡，过好人生，从这本书开始！

自 序

翻滚吧，咖啡！

🎙 高雪／主编

每个人在冲煮咖啡的时候都会有自己的风格和习惯，每个人对咖啡的味觉体验也是不可复制的。那么，为什么要做一本关于咖啡冲煮器具和冠军咖啡师心法传授的书呢？

自从在咖啡馆里第一次喝到具有产地风味的精品咖啡，以及对精品咖啡、各种咖啡豆和咖啡器具的了解不断加深，我开始尝试在家中做咖啡，而冲煮咖啡比起意式咖啡，经济上的投入较少，在家中操作起来也更简单。但是在选购器具的时候，我发现自己很难系统地了解不同器具的优缺点，它们的设计和构造对咖啡冲煮会有怎样的影响？它们的材质繁多我该如何选择？当我拿到一套器具和咖啡豆时，用什么样的手法才能发挥器具的优势？

有人说一杯咖啡的味道，60% 取决于咖啡生豆的品质，20% 取决于咖啡烘焙的技术，10% 取决于咖啡器具和设备，10% 取决于制作咖啡的人。

同样的咖啡豆经过不同人的冲煮后呈现出完全不同的风味和感受。所谓精品咖啡要追根溯源到产区，要在特定的咖啡产区和海拔，经过精细的处理方法，让生豆的评分达到一定标准。一颗咖啡豆要经历 180 道工序、跋山涉水才能抵达我们手中，如果不能呈现它最美好的味道，就真的有些遗憾了。因此，除了咖啡豆本身和烘焙所占的 80%，器具和技法所发挥的 20% 的作用也至关重要。

本书推荐的冲煮心法大都来自从业经验非常丰富的"冠军"咖啡师，他们分别来自中国和精品咖啡发达的日本。怀揣着对咖啡的热爱，他们参加专业的咖啡师比赛并获得最高荣誉；为了得到一杯好喝的咖啡，他们做过反复的测试和练习；同时他们也在咖啡馆门店中工作，获得来自咖啡馆客人的一手反馈，并不断调整他们的冲煮方式。

本书的核心内容分为 10 个小节，每一节介绍一种经典的咖啡冲煮器具，评析它们的冲煮逻辑，再由冠军级咖啡师来介绍一种适合所有人操作的技法，按图索骥便可得到一杯风味和醇厚度平衡的咖啡，避免因操作不当而产生的苦味和涩感。有人会建议选择不同咖啡器具来冲煮固定产区或烘焙度的咖啡，但是我们觉得只要掌握了冲煮咖啡的逻辑，通过调整一些变量和手法，任何器具和任何咖啡豆都可以搭配在一起。

同时，每一个小节还配有关于咖啡产区的小知识和"冠军"咖啡师的教学视频。

水烧开，准备好手冲壶和电子秤以及冲煮器具。咖啡磨成粉，香气弥漫到空气中。将咖啡粉倒入冲煮器具，再将热水注入咖啡粉，咖啡粉便开始在水中翻滚。芳香物质，酸质，糖分，随之开始释放……

赵悦 / 创意总监、摄影师

"我要去 XX，哪家的咖啡好喝呢？""精品咖啡是什么？""什么是三波咖啡浪潮？""星巴克是精品咖啡吗？""意式咖啡和手冲咖啡有什么区别？""为什么我买了很贵的豆子，冲出来的咖啡却不好喝？""什么是风味轮？""在家里做咖啡我应该准备什么？"……

自从从事咖啡行业，就经常需要面对亲朋好友对咖啡的各种"盘问"，我真的很想解答大家的问题，让大家离"爱上咖啡"更近一步，这也就是我们做这本书的初衷。不过现在翻开这本书的你，如果想要通过这本书解答所有关于咖啡的问题（包括但不限于以上所列），那么对不起，你可以合上这本书了。

我们只想通过《翻滚吧！咖啡》这本书解答一个问题："如何亲手在家里冲煮一杯好喝的咖啡！"因为这不仅是刚刚接触到精品咖啡的朋友们所关心的问题，就连我这样常年混迹咖啡圈并且一堆证书在手的"咖啡重度上瘾患者"也很想知道答案。

就像广义相对论、哥德巴赫猜想，所有精深的原理都是看起来简单，实际上寓意深远。"如何冲煮一杯好咖啡"也真的没有那么容易回答。我最近经常在想小时候背"九九"乘法表和元素周期表的事情。相信大家现在对十以内乘除法仍然信手拈来，"氢氦锂铍硼碳氮氧氟氖……"也是随口就来，但是，肯定没有人真的去想，去研究"1+1 为什么等于 2"，也没有人能历数元素周期表里每个元素的前世今生吧？哪怕我们站在像爱因斯坦、居里夫人这样许许多多"巨人"的肩膀之上。

基于以上种种考量，我们邀请了十位咖啡领域专家，选用了十款较为常见的咖啡豆，为大家示范十种最经典的冲煮器具的使用方法。这十位专家大都是在咖啡领域获得国家 / 地区冠军的咖啡师，我们相信他们对于冲煮咖啡已经有了非常详尽的研究和清晰的理解。借助这十位"巨人"的讲解和示范，我相信不管是今天刚刚听说咖啡，还是已经深深被咖啡迷住的你，都可以快速掌握冲煮一杯好咖啡的法门。

如果想要一睹十位冠军的风采，掌握得到一杯好喝的冲煮咖啡的窍门，可以直接阅读第二章，选一款最有眼缘的冲煮器具，开始你的咖啡之旅吧。

如果想要更进一步了解咖啡，我们还在第一章里为大家准备了基本的知识答疑，并在第二章中添加了一些你也许想知道的关于咖啡的其他事情。除此之外，喜欢读故事的读者可能会喜欢第三章中关于活跃在各个领域（摇滚乐手、插画师、博主、媒体编辑等）的人们与冲煮咖啡相爱的日常。

实践是检验真理的唯一标准。相信拿到这本书的你，可以在科学家通过粒子对撞机捕获"暗物质"之前，通过阅读和实践本书，得到"如何亲手在家里冲煮一杯好喝的咖啡"的终极答案。

目录

第三章

冲煮咖啡的魅力是什么？

附录：冲煮咖啡小词典

后记

第一章

冲煮咖啡的准备工作

冲煮咖啡被认为是一种最能够表达咖啡产区信息、烘焙技艺和风味特性的制作方式。

1.

关于咖啡冲煮
你需要知道的基本知识

1.1

什么是咖啡冲煮？

本书介绍的咖啡冲煮（coffee brewing），主要指运用手冲工具、法压壶和爱乐压等非电动工具来萃取咖啡，这几种工具也是世界咖啡冲煮大赛（World Brewers Cup）的指定冲煮工具。在化学中，萃取（extraction）是指用溶剂分离混合物中的成分；咖啡萃取，就是用水把咖啡粉中可溶于水的成分提取出来。咖啡豆的主要成分是不溶于水的木质纤维，广义来说除木质纤维以外的组成部分都可溶于水，但我们在萃取咖啡时只提取能让咖啡变美味的物质。

萃取出的可溶物质重量占原咖啡粉重量的比，就是"咖啡萃取率"。萃取出的可溶物质重量与咖啡液重量之比，就是"咖啡浓度"，浓度越高，咖啡味道越重，浓度越低，咖啡味道越淡。如果萃取出的物质不够多，咖啡的味道可能就会有酸腐和涩感，即"萃取不足"；如果萃取出的物质过多，咖啡的味道便会苦、杂，我们称之为"萃取过度"。

咖啡冲煮的萃取方式主要分为"过滤式萃取"和"浸泡式萃取"。

过滤式萃取是指让热水自由地通过咖啡粉、滤纸或滤网，最终得到的咖啡液体会非常干净，风味更突出，并且富有层次感，比如我们使用 V60 滤杯、蛋糕滤杯和金属滤网等工具冲煮咖啡，就属于"过滤式萃取"，这种方式给了操作者更多可变化的空间。

浸泡式萃取有点像泡茶，在容器里放入咖啡粉与热水，保证时间、温度合适并适时停止。使用法压壶、聪明杯和爱乐压冲煮咖啡属于"浸泡式萃取"，最终得到的咖啡液会有较好的触感[1]，味道平衡。使用法压壶和爱乐压还可以通过加压的方式来提升咖啡液的浓度。

---

1. 触感：咖啡的口感。

冲煮咖啡与意式咖啡的区别？

冲煮咖啡萃取出的咖啡液与用意式咖啡机萃取出的浓缩咖啡（espresso）是有区别的。前者水的含量更多，咖啡的层次感更强，风味更明显，而后者的萃取原理是通过加压水蒸气，使其经过咖啡细粉，由此萃取出的咖啡液被称为浓缩咖啡，水的含量少，咖啡味道较重。其制作速度快，一般用来制作意式牛奶咖啡的基底。世界咖啡师大赛（World Barista Championship，WBC）所考验的就是咖啡师操作意式咖啡机和制作意式咖啡的技术。意式咖啡机的价格较高，对操作者的专业程度要求高；冲煮咖啡所使用的工具价格实惠，更易操作。

1.2 萃取参数（粉水比）

咖啡冲煮的过程中有多个变量，整个过程都要依靠人手，虽然人们制作咖啡的方式各有不同，萃取参数（咖啡粉与注水量的比例）是一切的基础，就像盖房子的地基，例如确定 1：15 的粉水比后，也就奠定了这杯手冲咖啡风味的"主旋律"。在这样的基础框架里改变温度、萃取时间和器具，不会对这杯咖啡的味道造成大的影响，能够改变的可能只是酸度、味道的层次感、触感的柔软程度等，但是这些都不会改变这杯咖啡的风味基调。

在我们拿到一包咖啡豆的时候，最需要了解的信息就是萃取参数，只要在这个参数的框架里冲煮咖啡，最后得到的咖啡就不会偏离这支咖啡豆在理想状态下的风味。

萃取参数的框架有一些规律可循，比如深烘焙的咖啡豆和浅烘焙的咖啡豆，在冲煮时有一个比较常用的粉水比例。这个比例不是固定的，而是在一个区间内，它取决于深烘焙咖啡豆和浅烘焙咖啡豆不同的特性。比如，一般来说深烘咖啡豆做手冲的粉水比上限是 1：9，高于这个比例可能会口感较差，浅烘焙咖啡豆的上限就是 1：12。

1.3 影响萃取的其他因素：水温、研磨度和时间

水温对萃取的影响

只有高温烘焙之后，咖啡豆的木质纤维才能膨胀开。这时，咖啡豆体积增大、密度变小，芳香物质留存在咖啡豆内。通过研磨粉碎，咖啡豆变成颗粒状，只有这样才能在冲煮时保证咖啡豆有更多的面积与水接触。虽然我们说冲煮咖啡，但其实如果用 100℃ 的沸水持续加热咖啡粉。那么很多芳香油脂会被破坏，所以我们实际还是在冲咖啡，我们需要选择一个适合的水温，让咖啡粉中的芳香物质、酸质、甜感[1]油脂都可以很好地被提取出来。

研磨度对萃取的影响

研磨度是冲煮咖啡时影响风味的最大因素之一。在同一时间内，咖啡粉与水接触的表面积越大，萃取出来的可溶物质就越多。研磨越粗，咖啡粉与水接触的表面积越小，可萃取出的风味物质就越少；反之研磨越细，咖啡粉与水接触的表面积越大，可萃取出的风味

物质就越多。购买咖啡豆时，可以询问卖家冲煮这款咖啡所需的合适的研磨度，在具体操作时再根据实际条件做调整。如果萃取出的咖啡液味道比较淡、风味不明显，可将研磨度调细；如果萃取出的咖啡液味道杂，甚至有苦味，那么可降低研磨度。

时间对萃取的影响

萃取时间指咖啡冲煮时水和咖啡粉接触的过程，涵盖闷蒸的时间。时间对萃取的影响取决于何种萃取方式。如果是浸泡式萃取，那么在水和咖啡粉接触的过程中，添水越少，萃取出的物质也就越多，浓度就越高；如果是过滤式萃取，时间越长，通过的水越多，咖啡被稀释的程度越高，浓度就越低。

---

1. 甜感：咖啡中的"甜"来源于咖啡豆本身所含的糖分和烘焙时的焦糖化反应，由于萃取后咖啡液中的实际含糖量很低，我们用"甜感"来描述这种细微的感受。

2.

2.1

根据烘焙师提供的信息，挑选你的咖啡豆

风味信息：风味是烘焙师最想要表达的咖啡豆的特性。人们常用一些水果、干果和花的名称来代表咖啡豆的风味，目的是希望消费者通过联想，建立对抽象风味的真实感受。

水果类的词汇体现咖啡的酸甜程度。柑橘类水果代表的是非常活泼和明亮的酸，比如橘子和柠檬。核果类水果代表比较柔和的酸，比如桃子和杏。莓果类水果代表的是微酸和明显的甜，比如草莓、树莓和蓝莓。还有一类花果的名称代表了咖啡的香气特征，比如佛手柑和咖啡花。

产区信息：以原产地为埃塞俄比亚的咖啡为例，埃塞俄比亚有非常多的产区，大家熟知的有科契尔（Kochere）、耶加雪菲（Yirgacheffe）、罕贝拉（Hambella）、古吉（Guji）等，小产区的风味区别一般来说很小，可以将其判断为同一个大类：都具有明显的热带水果风味和花果香气。如果将大的原产地做比较，非洲产的咖啡豆有更丰富的水果风味，中南美洲咖啡豆的风味基调则很稳定，酸质偏向核果类。

海拔信息：海拔越高代表昼夜温差越大，咖啡树的生长越缓慢，咖啡豆本身的密度更大，其中可溶解物质的含量更多，酸度、甜感和香气都会很丰富。

处理法或处理方式：指咖啡红果（coffee cherry）变为咖啡生豆的初加工方式。传统的处理方式有水洗、日晒、蜜处理。水洗处理法的咖啡豆味道比较干净，日晒处理法的咖啡豆有发酵味道，蜜处理则是保留部分咖啡果胶的一种半水洗处理方法，能让咖啡的甜度更高。随着精品咖啡对风味的不断追求，人们在产地开始尝试各种处理方式来改良或提升咖啡的风味，比如"优酸乳发酵法""红酒处理法""厌氧发酵处理法"等。

烘焙日期：烘焙好的咖啡豆可能还有很多风味没有开发出来，咖啡豆内的二氧化碳含量较多，如果直接磨粉冲煮，会造成萃取不足，导致涩感和不好的味道；而如果存放时间太久，咖啡豆会发生氧化，丧失它迷人的风味。咖啡豆最佳的饮用时间是烘焙日期一周之后，"养豆期"与咖啡的烘焙度有关，越浅的烘焙度，需要的养豆期越长，反之则越短。

在拿到一包咖啡豆时,
我们会发现包装上有很多信息,
这些信息是由咖啡烘焙师提供的。

2.2

水与咖啡的奥秘

一杯咖啡90%以上的组成部分是水，
看似无色无味的水对咖啡的味道有影响吗？
答案是肯定的。

咖啡在液态时，我们能够闻到它的香气，原因就是水在发挥作用。水在常压和室温状态下就会汽化，水温的升高则更有利于水分子汽化。在冲煮咖啡时，那些挥发的水分子让我们更容易闻到咖啡的湿香气。

而对咖啡口感和味道有影响的，主要是水中溶解性总固体（Total dissolved solids, TDS）的含量和酸碱度。TDS 值越高，水中的可溶解物质越多，萃取率越低；TDS 值越低，水中的可溶解物质越少，萃取率越高。根据精品咖啡协会（Specialty Coffee Association, SCA）的研究，当水的 TDS 值在 75~250mg/L 之间时，适合萃取咖啡（理想值为 150mg/L），得到的咖啡萃取液比较容易达到浓度和萃取率的理想值。当 TDS 值低于 75mg/L 时，可能出现萃取过度；当 TDS 值高于 250mg/L 时，则比较容易出现萃取不足。

不同的水，有可能 TDS 值相同，但其可溶性固体的成分却不同，这也会对咖啡的风味造成一些影响。比如镁和钠都会辅助萃取出更多咖啡中的化合物，从而获

得更多的风味。镁会让咖啡液的味道偏甜，而钠会让咖啡液的味道偏咸。这些化学物质在达到一定的限值时才会对水的味道产生明显影响，我们平时喝水时不易察觉，但可以参考瓶装水外包装上的 TDS 参数来选择咖啡冲煮用水。

有一些从业者认为用 TDS 为零的纯水制作咖啡最能体现咖啡本身的味道，也有一些专业人士或发烧级咖啡玩家选择在蒸馏水（或 TDS 小于 30 的纯水）中加入一定量的金属盐溶剂（硫酸镁或硫酸钙），以获得他们想要的咖啡冲煮用水。

水的 pH 值： 即水的酸碱度，酸性的水有一定的腐蚀性，但水的碱性越高，咖啡会发生越多的酸碱反应，改变其原本的味道。因此制作咖啡时，不推荐使用 pH 小于 6.5 或大于 9 的水（SCA 推荐冲煮咖啡用水的 pH 值介于 6.5 和 7.5 之间）。

在冲煮咖啡时，那些挥发的水分子
让我们更容易闻到咖啡的湿香气。

2.3 冲煮咖啡的工具

1. 烘焙好的咖啡豆
2. 温度计
3. 磨
4. 电子秤
5. 手冲壶
6. 冲煮器具
7. 滤纸

在家冲煮咖啡

我们需要用的工具有：磨、电子秤、计时器、手冲壶、底壶（分享壶）、杯子、温度计。

电子秤 & 计时器：电子秤可以帮助我们按照萃取参数来冲煮咖啡，
有的电子秤还带有计时功能。用手机的计时器来计算时间也很方便。

底壶（分享壶）& 杯子：底壶和杯子的选择是个人化的，按照自己
的审美来选择喜欢的样式和材质即可。

在家冲煮咖啡用什么样的磨呢?

本书案例中专业咖啡师们使用的都是专业级别的高端电动磨,这是为了保证专业咖啡馆日常出品的稳定性。咖啡研磨最重要的两点就是均匀度和速度,在家中冲煮咖啡无需斥资几千元购买一台专业级别的磨,一台家用电动磨就是不错的选择。

在冲煮咖啡的其他变量(水温、滤杯、咖啡豆种类、器具、粉水比)都不变的情况下,调整研磨度是最简单的一种调节咖啡口味的方法:如果萃取的咖啡偏酸,那么将咖啡粉的研磨度调细;如果咖啡偏苦,那么将咖啡粉的研磨度调粗。

不同种类的磨豆机的研磨刻度设置不同,为了便于理解,本书中我们以粗砂糖颗粒大小来形容中等研磨度。

	优 点	缺 点
 手摇磨	1. 体积较小,方便携带 2. 无需使用电源,如果在户外想要冲煮新鲜的咖啡,那么手摇磨是首选 3. 价格在几十到几百元不等,比起专业级别的电动磨的价格要便宜许多	1. 研磨颗粒相对不均匀 2. 调节刻度比较麻烦 3. 费时、费力
 电动磨	1. 磨豆速度快,节省时间,能更好地保留咖啡的香气 2. 具有优质磨盘的电动磨可以将咖啡豆磨得更均匀 3. 专业级别的电动磨价格昂贵,但是家用电动磨的价格一般在几百元不等,是比较划算的一次性投资	1. 维修成本较高 2. 噪声大 3. 体积大,需要一定的放置空间

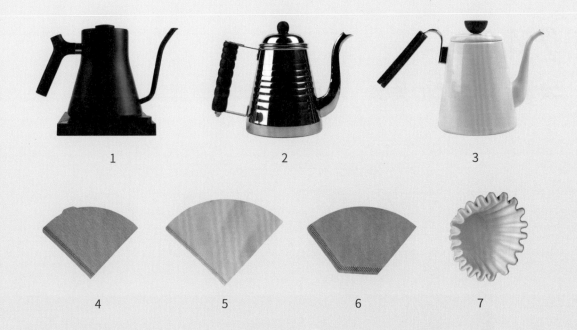

1. 智能控温细嘴手冲壶 FELLOW STAGG EKG[①]
2. 不锈钢手冲壶 Kalita[②] 52073
3. 搪瓷手冲壶 HARIO[③] BDK–80–W

4.V60 01 号滤纸
5.MONO 02 号滤纸
6.Kalita 扇形滤纸
7.Kalita 波浪滤纸（漂白纸）

手冲壶

手冲壶的材质决定了它的保温性能，而它的体积决定了它能够装多少热水，这两点也影响了使用者的体验，有的人会喜欢轻巧的壶，有的人可能更倾向于有分量的壶。

手冲壶不同的手柄设计适合不同的生活习惯，而壶颈的弧度越大水流就会越柔缓。

不过手冲壶最影响冲煮咖啡风味的设计，是它的壶嘴部分：细口壶出水量小，冲击力小，容易控制；粗口壶出水量大，冲击力大，不易控制。

对于初学者，我们推荐使用细口壶，以便更好地把握每次注水的水量、水位和均匀度，更方便的选择是可以插电加热的控温手冲壶。

滤纸

在过滤式冲煮中，滤纸的作用主要是过滤咖啡粉渣，帮助我们得到干净清爽的咖啡液。咖啡滤纸的造型多与同其搭配使用的滤杯器型相符，我们常见的锥形滤杯、梯形滤杯、蛋糕滤杯、Chemex[④] 手冲滤壶都有自己的专用滤纸。

滤纸多为木浆材质，不同的木质纤维构造对于滤纸的过滤效果和滤纸的纸浆味道多少都会有一定的影响。无漂白的滤纸会呈现褐色，漂白滤纸则更洁白，而且纸味更少。大家可以多尝试几种，找到适合自己的滤纸。

在使用滤纸时，有一个步骤是清洗滤纸，目的是洗掉部分纸浆味道，使滤纸和滤杯更加贴合，避免在闷蒸过程中滤纸吸走过多的咖啡味道。

1.斯塔格·EKG（STAGG EKG）是美国啡乐（FELLOW）公司出品的一款手冲壶。2.卡利塔（Kalita）为日本专业手冲壶咖啡器具品牌。3."玻璃王"（HARIO）公司是日本最大的专业生产高品质家用及工业玻璃制品的公司。4."化学交换"（Chemex）是一款诞生于美国的手冲滤壶。

2.4

决定冲煮方式的关键——10 种经典冲煮器具

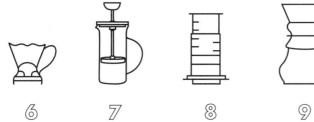

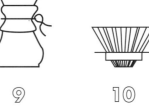

6   7   8   9   10

1. V60 锥形滤杯

2. 扇形滤杯

3. 蛋糕滤杯

4. 名门滤杯

5. 金属滤网

6. 聪明杯

7. 法压壶

8. 爱乐压

9. Chemex 手冲壶

10. 折纸滤杯

第二章

选择你的滤杯，
像冠军咖啡师一样冲咖啡

10 款经典咖啡冲煮器具 x
10 位世界冠军级咖啡师的冲煮心法

冠军眼中的
冲煮咖啡
十位"冠军"咖啡师

杜嘉宁（豆子）

2016 年、2018 年、2019 年世界咖啡冲煮大赛中国赛区冠军
2019 年世界咖啡冲煮大赛冠军

在我第一次参加冲煮比赛的时候曾经做过一张卡片，上面写了随着时间和温度的变化，这一杯咖啡会有什么新的风味浮现出来，它的味道会有什么样的变化。手冲咖啡是能够让人慢下来的，这种制作方式的咖啡与意式咖啡是完全不同的，以浓缩咖啡为基础的意式咖啡想要表达的就像它的名字一样——"快"（espresso），它是一种追求快速便捷的咖啡，在越短的时间里喝完越好喝。但是手冲咖啡却可以把享用咖啡的时间维度拉长，味道是有层次的。

粕谷哲

2016 年世界咖啡冲煮大赛冠军

手冲咖啡在不同的温度下可以感受到咖啡不同的风味，整个过程是让人充满期待的。相比较而言，意式咖啡的体验感较弱，也不像手冲咖啡可以通过自己的冲煮方式尝试不同的感受。意式咖啡基本上只能在温热的时候饮用，而手冲咖啡，从温热的时候到温度稍微下降之后，再到冷却之后的风味都各不相同，我觉得这种能让人更容易感受咖啡豆的复杂性和多样性的特点，正是手冲咖啡的魅力所在，而作为冲咖啡的人也能体会到它的魅力。

陈冠豪（Dawn）

2016 年世界咖啡师大赛香港赛区冠军

一杯好喝的意式咖啡，我只能独自享受，而相比之下我觉得手冲咖啡的魅力是可以跟朋友一起分享，就像我们香港人的"打边炉"，这种分享的体验非常特别。

胡颖

2015 年世界咖啡师大赛中国赛区冠军
2015 年世界咖啡与烈酒大赛中国赛区冠军

冲煮咖啡可以非常直接地让你感受到，每一种咖啡真正的味道，感受到它们各自的不同。

查老师
世界咖啡师大赛国际评委

简单地得到一杯咖啡。越简单的过程越容易喝到豆子本身的风味，也就越能感受豆子本身的魅力。因为咖啡制作的每个过程都是在过滤（filter），都会修饰或者减少咖啡的味道，而冲煮咖啡可以体现咖啡豆本身的味道而不是其他附加物。

王启棱
2015 年世界咖啡冲煮大赛中国赛区冠军

意式咖啡或者创意咖啡可能会掩盖咖啡的味道，但是冲煮咖啡不会。你可以专注体验咖啡的味道，冲煮咖啡可以让你很直观地感受到咖啡的产区风味、处理法和烘焙技艺。

潘志敏
2017 年世界咖啡师大赛中国赛区冠军

如果用意式咖啡机做一杯咖啡，需要调整设备，反复测试才能萃取一杯好喝的咖啡。但是手冲可以简单地做出一杯咖啡，并且可以尝试各种各样的咖啡豆，感受不同产区的咖啡风味，比意式咖啡的选择要多很多。

李思莹
2017 年世界咖啡冲煮大赛中国赛区冠军

冲煮咖啡的过程可能跟烹饪很像，在这个动手的过程中充满了乐趣，原本就喜欢喝咖啡的人，若能够自己做出一杯好咖啡，那么乐趣自然就是双倍的。

张晓博
2018 年世界爱乐压大赛亚军、
2018 年世界爱乐压大赛中国赛区冠军

只要一看到这个器具（爱乐压），我脑海中就浮想联翩出各种萃取方案。它让冲煮咖啡有了更多的可能性。

铃木树
2017 年世界咖啡师大赛亚军

冲煮咖啡可以最直接地体现原产地咖啡本身的味道。冲煮咖啡更干净，可以展现出咖啡纯净的甜感。

1. 爱乐压滤筒和压杆

2.V60 顺时针旋转式导流槽

3.V60 锥形杯身

4.V60 下水孔洞

5.Kalita 蛋糕滤杯

6.Kalita 蛋糕滤杯滤孔

7. 折纸（Origami）滤杯滤孔

8. 折纸滤杯杯身

9. 折纸滤杯导流槽

10. 金属滤网底部

11. 金属滤网滤杯内部

12.Chemex 手冲咖啡壶壶身

13.Chemex 手冲咖啡壶俯拍

14.KONO 滤杯下水孔

15.KONO 滤杯直线导流槽

16.KONO 滤杯杯身

17. 法压壶带压杆的金属滤网和耐热玻璃瓶身

18.Kalita 扇形滤杯杯身

19.Kalita 扇形滤杯三个下水孔

20.Kalita 扇形滤杯导流槽

21. 聪明杯（Mr.Clever）导流槽

22. 聪明杯梯形杯身

23. 聪明杯活阀

折纸滤杯
与杜嘉宁的
冲煮心法

杜嘉宁

中国大陆首位世界咖啡冲煮大赛冠军

杜嘉宁外号"豆子"，是一个 1992 年出生的北京姑娘，现任南京 UNiUNi Coffee 的店长。

2019 年 4 月 15 日，杜嘉宁在美国波士顿举办的 WBrC（世界咖啡冲煮大赛）上获得了冠军，成为了中国大陆首位获得世界级冠军称号的咖啡师。

此前，年纪轻轻的杜嘉宁已经在三届国内咖啡冲煮比赛中获得冠军。她从 18 岁就开始在咖啡馆工作，"咖啡师"是她离开校园后的第一份职业，当初这份工作只是青春迷茫期的尝试，却没想到让她在吧台里找到了真正的自己。

原本对于咖啡完全没有概念的杜嘉宁，因偶然的机会进入咖啡馆工作。那是北京最早的一家精品咖啡馆，每周从美国空运咖啡豆到北京，杜嘉宁在工作中较早地接触到了浅烘咖啡豆、用单品咖啡豆制作浓缩咖啡以及精品咖啡的风味变化，这对于一个刚入行的咖啡师来说是非常好的专业起点。

在加入南京 UNiUNi Coffee 团队之后，杜嘉宁转型成为一名比赛选手型咖啡师。她说自己其实比较胆小，如果让她自己选择，很难主动走上比赛场，但在团队的鼓励和支持下，她成功地在大大小小的咖啡师比赛中崭露头角：2014 年爱乐压比赛、2015 年 WBrC 中国赛区比赛……并且一次次地突破自己：2016 年 WBrC 中国冠军，2018 年 WBrC 中国冠军，2019 年 WBrC 中国冠军，2019 年 WBrC 冠军……

"为什么要参赛？做咖啡的意义是什么？为备赛付出努力最终想要得到什么？"参赛前，这些问题都会浮现在杜嘉宁的脑海里。

杜嘉宁坦言自己在日常生活里会缺乏自信，还曾在首赛时遇到忘光台词的情况。所以很多时候，她走上赛场的目的是寻找自信。取得了这么多优异的成绩，她慢慢地在赛场上看清了自己的短板，也开始寻找突破的办法。每次比赛结束，她还会思考有哪些理念是可以延伸的。

"如何让喝咖啡的人感觉到舒服？"是她参加 2019 WBrC 决赛时的主题，这个想法来源于她的日常工作。善于体察别人感受的杜嘉宁说，赛场上的评委就如同咖啡馆的客人。她想让评委们像客人一般舒服地喝一杯咖啡，消除他们的紧张和压力，在短短的 15 分钟里好好感受咖啡的风味。在世界决赛的赛场上，选手们已经使用了全世界最好的咖啡豆、反复测试过的技法和充满创意的呈现方式，如果评委们不能好好地体验这一杯咖啡，岂不是很遗憾？

折纸滤杯

也称"Origami 滤杯"，"Origami"在日语中的含义是"折纸"，顾名思义其杯身的设计极似折纸，材质为日本陶瓷"美浓烧"。

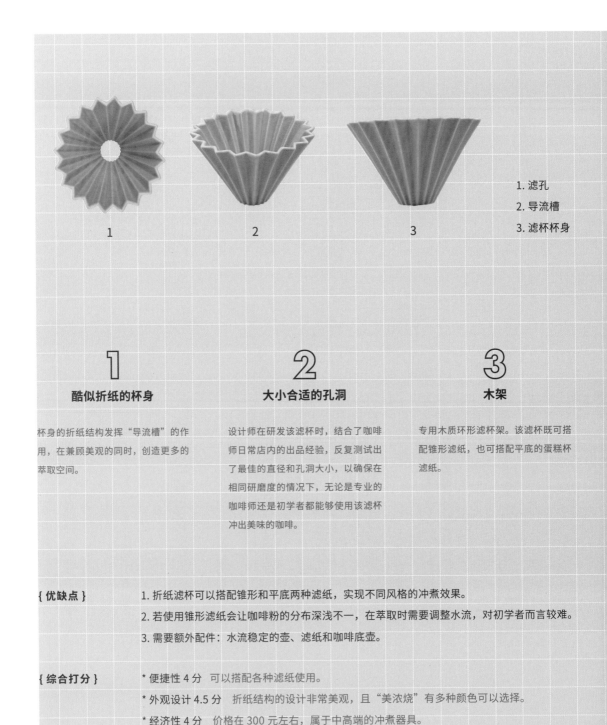

1. 滤孔
2. 导流槽
3. 滤杯杯身

1 酷似折纸的杯身

杯身的折纸结构发挥"导流槽"的作用，在兼顾美观的同时，创造更多的萃取空间。

2 大小合适的孔洞

设计师在研发该滤杯时，结合了咖啡师日常店内的出品经验，反复测试出了最佳的直径和孔洞大小，以确保在相同研磨度的情况下，无论是专业的咖啡师还是初学者都能够使用该滤杯冲出美味的咖啡。

3 木架

专用木质环形滤杯架。该滤杯既可搭配锥形滤纸，也可搭配平底的蛋糕杯滤纸。

【优缺点】
1. 折纸滤杯可以搭配锥形和平底两种滤纸，实现不同风格的冲煮效果。
2. 若使用锥形滤纸会让咖啡粉的分布深浅不一，在萃取时需要调整水流，对初学者而言较难。
3. 需要额外配件：水流稳定的壶、滤纸和咖啡底壶。

【综合打分】
* 便捷性 4 分 可以搭配各种滤纸使用。
* 外观设计 4.5 分 折纸结构的设计非常美观，且"美浓烧"有多种颜色可以选择。
* 经济性 4 分 价格在 300 元左右，属于中高端的冲煮器具。
* 清洗及保养 4 分 比洗碗还方便。

所需材料配比

器具： 大号折纸滤杯

粉水比： 1：15

水温： 92℃

研磨度： 近似粗砂糖的颗粒

时间： 1 分 40 秒至 2 分 10 秒

咖啡： 15g（本节所用咖啡豆为中浅烘焙埃塞俄比亚水洗咖啡豆，克重可根据实际情况进行调整）

其他工具： 两台秤、一根针、平底滤纸

（与杜嘉宁在 2019 年世界咖啡冲煮大赛时使用的工具相同）

技法说明

两台秤的其中一台秤来称注水的水量，上面放另一台称萃取后咖啡液的重量。一般在家中我们使用一台秤即可。

将咖啡粉倒入打湿后的滤纸时，避免拍打滤杯，防止细粉下沉影响均匀萃取。

闷蒸阶段尽量让咖啡粉较快地接触水流，水粉接触得越快速，萃取就会越均匀。均匀萃取能够提升咖啡的触感和甜感，使用平底滤纸让咖啡粉层呈均匀平铺的状态，在注水时均匀分配水流，就可以实现比较均匀的萃取。

第二次注水时，先将已经打湿的上层咖啡粉冲到滤杯的下部，然后开始从内到外画圈注水。注水完成的同时萃取也完成了。

1. 用热水清洗滤纸，除去滤纸中的纸浆味和纤维，控干滤纸中的水，倒掉废水。

2. 将咖啡粉倒入滤纸内，让其保持自然状态；用针来松散分层，目的是让咖啡粉层分布得更均匀。

3. 分两段注水，第一次注水 60g，闷蒸 30 秒。

4. 第二次注水到预定的 225g 水量。

扫码观看视频步骤

V 60 滤杯
与粕谷哲的
冲煮心法

粕谷哲

4：6 冲煮法创造者

夺得 2016WBrC 冠军的是来自日本的粕谷哲，当时他被誉为"第一个以亚洲人身份摘得该比赛世界桂冠的实力派男子"，被日本和其他国家的媒体相继报道。其实粕谷哲在当时的参赛选手中资历并不深（2016 年参赛时仅入行三年），比赛获胜后他成功地建立了自己的商业模式，开店、做品牌、做选手导师的同时不辞辛苦地传播咖啡文化。这样一个传奇的案例在咖啡行业内常被人津津乐道。

粕谷哲为什么会进入咖啡行业？这背后其实有一段曲折的故事。

研究生毕业后，粕谷哲一直在东京的一家 IT 咨询公司工作，是繁忙都市里工作稳定、高收入的白领。但是这种朝九晚五、时常加班的生活并没有给他的内心带来快乐，高强度高压力的工作还让他失去了健康。几年前，粕谷哲的体重在两周内骤降 8 公斤，走路的步伐变得沉重，去医院检查被判定是 1 型糖尿病。当时他的脑海中浮现出一个电影桥段：医生拿着病危通知书，来到自己的病床前无奈地摇头叹息……那个画面宛如当头棒喝：自己这一生到底为了什么而活？什么样的工作才值得自己持续地投入？

住院治疗期间，粕谷哲搜索关于病情的信息，发现糖尿病患者在饮食上有很多限制。他原本爱喝果汁，病后发现自己能大量摄入的饮料只有黑咖啡，于是他购买了一整套手冲咖啡的器具。

冲煮经验为零的粕谷哲，努力地按照购买器具时咖啡师的指导操作，最终却只得到一杯苦不堪言的咖啡，这样的反差激起了他更大的兴趣，他开始去寻找冲煮咖啡的科学方法。康复后的粕谷哲离开稳定的工作，凭着浓厚的兴趣投身到了咖啡行业。开拓新世界不仅需要自律，还需要克服来自外界和内心深处巨大的压力。在夺得冠军前的三年里，粕谷哲的生活被训练排满，他坦言自己曾觉得非常辛苦。比赛的压力大时，他时常被噩梦惊醒。按照自我意识去生活听起来很酷，但一切从零开始时，焦虑和害怕都是无法避免的心魔。

他甚至会质疑自己做的咖啡是否好喝。

有一天，他遇到了自己的比赛对手，对方说道："To be a champion is not a goal.（成为冠军不是目标。）"

"冠军"只是一个阶段性的目标，不是人生的终点，"不断实现自我成长"才是最终目的。粕谷哲意识到自己的焦虑是因为计较付出、害怕得不到回报，只有放下这种执着，把"自我成长"作为前进的方向才会持续变强大。

三年后，凭借自己创造的 4：6 冲煮法，粕谷哲在 2016WBrC 世界咖啡冲煮大赛上赢得了冠军，"4：6 冲煮法"也被收录进了谷歌（Google）词条。

生活充满了不确定性，但这也正是生活的魅力所在，它驱使着我们不断向前奔跑，并感受和改变未来。

V 60 滤杯

一款经典锥形滤杯，因其 V 形角度是 60°而被称为"V60"，是很多咖啡店日常冲煮使用的器具。

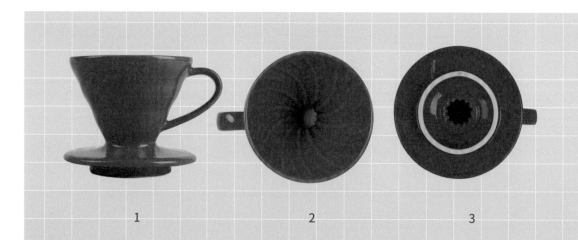

1   2   3

1 V60 锥形杯身

整个锥体造型好似一个过滤器。因其锥形的构造，粉层的分布较为集中，可延长水流穿过咖啡粉流向中心孔洞的时间。

2 顺时针旋转式导流槽

导流槽位于滤杯内侧，呈褶皱状，可增强透气效果；形状为顺时针旋转式，能让注入的水流扭曲，延长萃取路线，增加咖啡粉与水流接触的时间。萃取完成后，清除滤纸也十分简单。

3 较大的下水孔洞

下水孔洞位于滤杯底部，咖啡液由此孔萃取而出；V60 的孔洞较大，不易堵塞，需要操作者通过控制水流速度来控制咖啡风味，很考验操作者的技术。

{ 优缺点 }

1. 器材轻便，有玻璃、树脂、陶瓷、不锈钢等材质。

2. 注水的方式可变，自由度高。

3. 使用 V60 制作的咖啡味道非常华丽，容易制作出比较高雅的感觉。

4. 需要额外配件：水流稳定的壶、滤纸、咖啡底壶。

{ 综合打分 }

* 便捷性 4 分　3 分钟左右即可制作一杯手冲咖啡。

* 技术性 4 分　需要冲煮者具备较高的操作水平。

* 外观设计 4.5 分　经典的锥形杯身和旋转式导流槽都非常美观。

* 经济性 4 分　不同材质滤杯价位不同，从几十元到数百元，可根据自身条件选择购买，是能让你以低廉费用进入咖啡生活的器具。

* 清洗及保养 4 分　比洗碗还简单。

所需材料配比

器具：V60 02 号咖啡滤杯

粉水比：1 ： 15

研磨度：粗 / 细

水温：93℃

时间：3 分半钟

咖啡：20g（本章中所用咖啡豆为肯尼亚咖啡豆，克重可根据实际需要进行调整）

技法说明

4 ： 6 "冲煮法"是来自日本的世界冲煮大赛冠军粕谷哲先生创造的。该冲煮法共需要五段注水，每一段注水为 60g——通过第一段和第二段的注水控制咖啡的风味，通过第三段及之后的注水来调节咖啡的浓度。第一段和第二段的注水量占整体注水量的 40%，余下的注水量占 60%，因此该冲煮法被叫作 4 ： 6 冲煮法。

第一段、第二段的注水用于获取咖啡风味（甜度和酸度）——如果想要增加咖啡的甜度，可以适度减少第一段的注水量（增加的部分在第二段中减掉）；如果想要增加咖啡的酸度，可以适度增加第一段的注水量（减少的部分在第二段中补充）。第三段、第四段、第五段注水用于调整咖啡浓度。
所谓的四跟六，就是在咖啡萃取过程中，将注水量分成 4 ： 6 的比例——40% 的水（前两段）用于获取咖啡风味，即香气、酸质、甜感等，60% 的水（后三段）用于调整咖啡浓度，即口感。

制作步骤

1. 润湿滤纸，倒入 20g 咖啡粉。

2. 分两段注入 120g 水，每隔 45 秒注入 60g 水（两段注水主要为了调节咖啡风味）。

3. 分三段注入 180g 水，每隔 45 秒注入 60g 水（这三段水主要调整咖啡的浓度）。

4. 3 分 30 秒时将滤杯从分享壶上取下，一杯咖啡完成。

扫码观看视频步骤

扇形滤杯
与李思莹的
冲煮心法

李思莹

2017 年 WBrC 世界咖啡冲煮大赛中国赛区冠军

获得 2017CBrC（世界咖啡冲煮大赛中国赛区选拔赛）冠军的李思莹在接受媒体采访的时候常说，她本来没有想过要从事咖啡行业，大学时学的专业是新闻，不出意外她应该成为一名记者。

但实际上，李思莹接触咖啡很早，在大学时就曾网购咖啡豆和冲煮器具，自己动手在宿舍里冲煮咖啡。

大学四年级的寒假，她到成都旅游，机缘巧合之下参与了一个短期的咖啡培训。从那时起李思莹对咖啡有了概念，也真正地喜欢上了咖啡，从一名普通的咖啡爱好者变成了一位准咖啡师。虽然培训只有不到半个月时间，但这次学习之后李思莹下决心要认真地尝试做咖啡。她先在成都的一家咖啡馆里做兼职，慢慢地接触到了很多志同道合的伙伴，于是就留在成都，并且和伙伴们一起开了属于自己的咖啡馆 Invisi Coffee Shop。

在她眼里，"咖啡师"是一个没有太多条条框框的职业。除了尽职给客人提供好的咖啡和服务外，咖啡师可以有酷炫的文身，可以在做咖啡之余打碟做 DJ，可以参加比赛走专业道路，也可以学习设计、摄影，跨界到任何

领域。李思莹的咖啡馆坐落在一个小区里，服务社区的住户。一楼是给客人喝咖啡的地方，二楼是李思莹准备比赛走流程的地方。通过李思莹和团队的用心经营，Invisi Coffee Shop 也成为咖啡爱好者到成都必定会慕名前往的一家店。

出于对咖啡的热爱，李思莹参加了多次专业咖啡竞赛，赢得了 2017WBrC 中国赛区的冠军，被誉为当年的"黑马"。平日里温柔可爱的她，在赛场上却表现得沉稳霸气。在国内专业的咖啡圈里，李思莹和她的团队都还非常年轻，从 2015 年第一次参加比赛起，他们便以令人惊讶的速度不断成长。她曾说："只有足够爱自己用的咖啡豆，它才能帮你拿到你想要的成绩。"仅凭这简单的一句话就能看出李思莹对咖啡一片热忱。

在布鲁塞尔举办的 2018WBrC 决赛场上，李思莹的表现也非常优异，进入了世界前十强。李思莹说，冲煮比赛只是她涉足的众多领域之一，其实她对于杯测、烘焙、咖啡师技术都非常感兴趣，只要有机会，她都会去尝试。因为所有这些都充满了挑战，而通过比赛可以快速地提高自己的咖啡专业技能，让自己和团队获得成长。

扇形滤杯

扇形滤杯又称梯形滤杯、台形滤杯，最早的扇形滤杯出自手冲咖啡的创始人梅丽塔（Melitta）夫人。

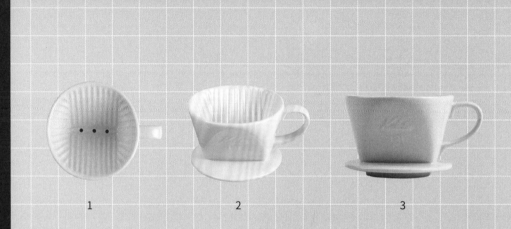

1　　　　　　　　2　　　　　　　　3

1 三个下水孔

多个下水孔降低了咖啡粉堵塞的概率，操作者可以通过调整注水方式和水流来控制咖啡的浓度。

2 导流槽

每一面都有导流槽，且分布适中、间距一致，保证水流可以顺利通过咖啡粉。

3 扇形杯身

上宽下窄的结构有利于集中水量，杯身上方呈圆形，较宽的面积可让咖啡粉均匀分布。

{ 优缺点 }

1. 扇形滤杯制作的咖啡，会有较好的触感和平衡度。

2. 虽然有 3 个下水孔，但扇形滤杯的下水速度依然比较慢，在使用时需要避免堵塞。

3. 需要额外配件：水流稳定的壶、滤纸、咖啡底壶。

{ 综合打分 }

＊便捷性 4 分　2 分多钟即可制作一杯手冲咖啡。

＊外观设计 4.5 分　延续了百年的经典设计。

＊经济性 4 分　价格在 100 元以内，经济实惠。

＊清洗及保养 4 分　清水洗涤，无需保养。

所需材料配比

器具：扇形滤杯

粉水比：1：15

咖啡：浅烘焙巴拿马瑰夏 16g

水温：93℃

时间：2 分 30 秒

研磨度：细

技法说明

在闷蒸和第二段的注水中，萃取咖啡的香气和风味。因为扇形滤杯的下水速度较慢，所以在闷蒸之后的两段注水都采用中间注水的方式，避免产生堵塞。最后一段注水选择大水量，也是考虑到滤杯下水孔较小，需避免堵塞，同时调整咖啡的浓度。用这个手法结合扇形滤杯制作出来的咖啡会有很好的香气、平衡感和触感。

1. 润湿滤纸，将咖啡粉倒入滤杯中。

2. 用转圈的方式注入 30g 水，湿润咖啡粉，进行 40 秒钟的闷蒸。

3. 直接注入 90g 的水。

4. 注入 120g 的水，这一段的注水用大水量。

5. 整个萃取过程到 2 分 30 秒的时候结束，将滤杯取下。

扫码观看视频步骤

蛋糕滤杯
与陈冠豪的
冲煮心法

04

陈冠豪

2016 年世界咖啡师大赛香港赛区冠军

来自世界咖啡师大赛香港赛区冠军陈冠豪的"蛋糕滤杯"推荐冲煮法：
多次分段注水，获得风味与浓度均佳的一杯咖啡。

2010 年毕业后，陈冠豪的第一份工作就是在香港的 Barista Jam 咖啡做咖啡师。

陈冠豪当初选择这份工作的原因很简单：工作时间比较短（每天上午 8 点上班，下午 5 点下班），下班后有更多的自由时间。当时他并没有对咖啡产生很大的兴趣，只把咖啡师作为一份普通的工作来看待，对咖啡专业方面不求甚解。

转折点是他在工作时发现老板很特别，每天都有各行各业的人来店里拜访他，跟他分享咖啡，那种氛围很奇妙。所有人都充满激情地相互交流，仿佛都为了看起来很平常的一杯咖啡着了魔。陈冠豪也因此认识了很多朋友，耳濡目染地学习了不少咖啡知识。

就这样，他逐渐发现咖啡的迷人之处，也想去找到大家为何如此喜欢咖啡的原因。于是他开始上网学习，下班后跟同事、同行一起交流，并参加了香港咖啡师比赛。陈冠豪连续斩获两届香港咖啡师大赛冠军，还获得了 WBC（世界咖啡师大赛）第四名，这也是迄今为止华人参加世界咖啡师大赛获得的最好名次。

谈到比赛的时候，陈冠豪的态度非常谦虚："我只是参加了两次咖啡师比赛，并且很幸运地每一次都学习到了很多。"

2017 年陈冠豪创立了自己的咖啡品牌——Amber Coffee。Amber 即琥珀，它代表了长时间的沉淀，正如一杯咖啡从种植、收获、交易、烘焙到最后的制作需要漫长的时间。他认为品牌和客人之间的关系也很像琥珀，需要花时间去悉心维护，而且非常珍贵。Amber 象征着人与人之间的美好羁绊、切实存在着的种种情愫和值得纪念的回忆。

关于开咖啡店，陈冠豪的理念是"better is the best"，即"只有更好没有最好"。每一个去过香港 Amber Coffee Brewery 的人都会被打动，菜单上满满的创意咖啡，运用了许多酒的元素，咖啡师会提示客人如何饮用可以获得较好的风味和感受，期待客人自己发现味蕾上的惊喜。因为陈冠豪认为，除了风味独特的精品咖啡之外，创意咖啡也是能给人们留下深刻印象的一种形式。

陈冠豪每年都会到产地去寻找足够特别的咖啡豆，同时他还希望把 Amber Coffee Brewery 开到世界各地去，Amber Coffee Brewery 目前在曼谷已经有一家分店。正因为有陈冠豪这样充满热情的从业者不断地追逐着千变万化的咖啡风味，我们这些咖啡饕客们才有福气感受咖啡的魅力。

蛋糕滤杯

蛋糕滤杯的英文名称是"Wave Dripper"，所以也有很多人称其为波浪滤杯。

1
2

1. 三个均匀分布的滤孔
2. 滤杯

1 平底杯身

流速比锥形滤杯慢，萃取更充分。

2 三个分布均匀的滤孔

三个滤孔之间的距离相同，构成一个正三角形，水流可均匀下渗。

3 波浪形平底滤纸

20 道波浪皱褶的滤纸，以折痕取代导流沟槽，不直接贴合滤杯，创造了更多的萃取面积。一方面实现集中萃取，水流可以平均且流畅地滴滤而下，使咖啡萃取更加顺利；另一方面减缓热水的降温速度，使萃取更均匀。

{ 优缺点 }

1. 流速不如锥形滤杯快，适合用来萃取醇厚度高的咖啡。

2. 用其萃取的咖啡，在香气和风味变化上没有锥形滤杯强烈，但有扎实的口感和较高的甜感。

3. 平底设计容错率较高，不易出现萃取不足的情况。

4. 需要额外配件：水流稳定的壶、滤纸和咖啡底壶。

{ 综合打分 }

* 便捷性 4 分　2 分钟左右即可制作一杯手冲咖啡。

* 外观设计 4.5 分　酷似"纸杯蛋糕"的外形非常可爱。

* 经济性 3.5 分　价格在 200 ～ 400 元之间，属于价格较高的一次性投入。

* 清洗及保养 4 分　金属材质需保持干燥。

所需材料配比

器具：蛋糕滤杯

粉水比：1：15

水温：93℃

咖啡：15g（本节使用了云南特别水洗处理咖啡，克重可根据实际需要进行调整）

时间：2 分 30 秒

研磨度：中度研磨

技 法 说 明

蛋糕杯和滤纸的底部之间会有一个缝隙，这个缝隙里会产生积水，这些积水会影响
咖啡的浓度。因此在打湿滤纸后要倒掉积水。滤纸要尽量水平放置在滤杯中，如果
发生倾斜，在萃取咖啡的过程中就可能会导致萃取不均匀。
  在闷蒸时如果咖啡很新鲜，闷蒸到 30 秒的时候依然有气泡冒出来，就可以多等
1～2 秒。如果闷蒸不充分，气泡可能会打断注水的水流，导致萃取不均匀。
分段的萃取，分得越多，萃取率就越高，整体的醇厚度也会更好，甜度也会很高。
而难点在于操作者需要更专注在整个过程中注水量和时间的变化，控制水流的粗细，
同时要注意咖啡粉是否有结块。关于水温，一般都会用 93℃的水来冲煮，如果希
望咖啡所表现的风味更加明显，可以微微调高水温。

1

2

3

1.用冷水润湿滤纸，让滤纸与滤杯贴合。

2.闷蒸，用 30g 水在最短的时间内迅速浸湿咖啡粉，看到气泡均匀冒出，就代表闷蒸比较充分。

一般在 25 秒到 30 秒。

3.分五段注水，往滤杯中间注水。

第一次注水 60g，注水时长 20 秒；第二次注水 40g，注水时长 30 秒；第三次注水 40g，注水时长 30 秒；

第四次注水 30g，注水时长 20 秒；第五次注水 25g，至咖啡液完全滴完，萃取结束。

整个萃取时长是 2 分 30 秒。

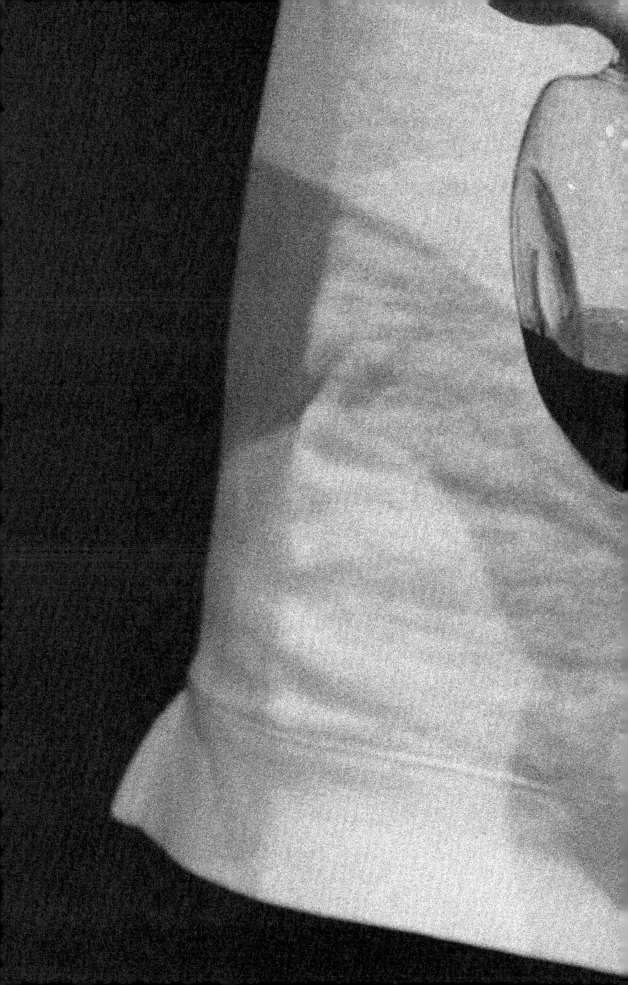

扫码观看视频步骤

KONO 滤杯
与潘志敏的
冲煮心法

潘志敏

2017WBC 中国赛区冠军／北京 S.O.E 咖啡馆店长

从小动手能力就很强的潘志敏，认为咖啡最有魅力的地方就是需要动手和思考。因为他恰恰喜欢在动手的时候思考：为什么这样做咖啡会好喝或者不好喝？

潘志敏初次接触咖啡行业是在 2014 年年底。

2015 年他加入"雕刻时光"成为一名咖啡师，每天固定八小时站在吧台里工作，业余时间就看书学习咖啡知识。雕刻时光的门店店员可以竞争上岗。对咖啡充满热情的潘志敏参加并通过了各种考核，在短时间内成为了 A 级员工——集所有技能于一身的全能选手。但潘志敏并不满足于此，咖啡的世界如同一片海洋，他希望自己可以更自由地遨游其中。

几个月后，潘志敏到北京烟袋斜街的咖啡沙龙咖啡馆喝咖啡，看到一台烘焙机伫立在门口，咖啡豆在里面旋转、翻滚，散发出迷人的香气，店内的烘焙师在旁边，投入地读着一本英文烘焙书。潘志敏瞬间被这家咖啡馆所吸引。后来，他如愿加入北京咖啡沙龙团队，继续追求在咖啡专业方面的精进。

潘志敏从 2015 年开始参加咖啡师比赛，一边学习一边历练。2015 年 11 月参加 CBC 北京赛区比赛并获得冠军，

2016 年 3 月参加中国赛区总决赛，止步初赛。2016 年 5 月参加福山杯国际咖啡师冠军赛，止步初赛。2016 年 6 月底参加 CBC 北京分赛区，获得冠军，9 月参加北京拉花争霸赛获得亚军。

在 2017 年，潘志敏如一匹黑马杀入世界咖啡师大赛决赛，获得了中国赛区总决赛冠军。年仅 26 岁的他，入行 3 年半，便成为一颗备受瞩目的冉冉新星。2018 年，潘志敏代表中国前往阿姆斯特丹参加 WBC 决赛。

从赛场归来，潘志敏开始在北京 S.O.E 咖啡馆担任店长。他说："把赛场上学习到的态度运用到门店中，分享咖啡给更多的人，才是冠军的职责。"

"客人是普通的消费者或者爱好者，而评委是受过专业味觉训练的评测师，所以更重要的是向客人传达我们对于咖啡的观点。赛场上考量选手的得分点，其实都是源自咖啡馆门店客人的需求。在赛场上，我可能需要向评委非常精准地描述咖啡的风味，但是在店面中我更倾向于不那么精准的风味描述，让客人去发挥他们的想象力，在自己的味觉记忆库里找到相对应的味道，这也是乐趣所在。"

KONO 滤杯

一款圆锥形滤杯，标志性特征是只有一半导流槽，适合初学者使用。

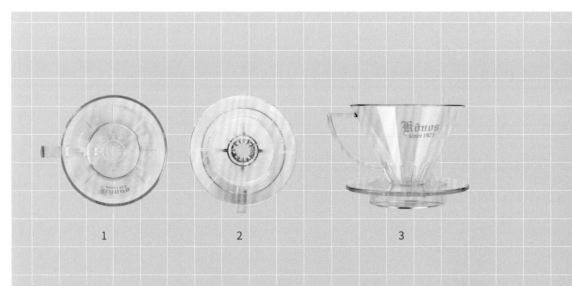

1 2 3

1 直线导流槽

滤纸吸水之后，能够紧贴在滤杯上部没有导流槽的部分，减少空气流通的空间，发生"虹吸效应"，虹吸效应产生的气压能促进咖啡的萃取。

2 较小的下水孔洞

孔洞较小，下水较慢，配合杯身和导流槽的设计，让咖啡粉与水有更长的接触时间。

3 圆锥形杯身

在冲煮时可以提高水流的集中度，让咖啡粉与水充分接触。

{ 优缺点 }

1. 用其制作的咖啡口感饱满，余味悠长，层次感丰富。
2. 材质轻便，以树脂为主。
3. 流速较慢，使用时需注意避免萃取过度。
4. 萃取原理简单，初学者也可简单上手。

{ 综合打分 }

* 便捷性 4 分　2 至 3 分钟即可制作一杯手冲咖啡。

* 外观设计 4 分　简约大方的流线型设计，有多种颜色可选。

* 经济性 5 分　价格在 100 元以内，是一个经济实惠的选择。

* 清洗及保养 4 分　用清水清洗，材质易碎，须避免挤压。

所需材料配比

器具： KONO 滤杯

粉水比： 1：16

水温： 92℃

时间： 2 分 20 秒

研磨度： 比砂糖稍粗的颗粒

咖啡： 15g（本节使用了中深烘苏门答腊曼特宁咖啡，克重可根据实际需要进行调整）

技法说明

使用 KONO 滤杯冲煮心法：KONO 滤杯的外形跟 V60 滤杯接近，但只有下半部分有导流槽，下水速度比 V60 滤杯要慢。滤纸吸水之后，能够紧贴在滤杯上部没有骨架的地方，减少空气流通的空间，发生"虹吸效应"。虹吸效应产生的气压促进咖啡的萃取，这也会使最后得到的咖啡口感饱满、余味悠长、层次感丰富。但需注意避免萃取过度而产生不好的味道，在使用 KONO 滤杯的时候，研磨度可比使用 V60 滤杯时更低一些，避免下水速度过慢。

闷蒸后的三段注水是有区别的，前两段使用小水流均匀注水，主要在滤杯中间注水，因为锥形滤杯的中间粉层较厚，如果在周围注水会导致萃取不均匀。

第三段注水时，加大水流，注水速度比前两段快很多，使滤杯底部的咖啡粉翻滚起来，细粉就会附着到滤纸的表面，减少细粉过度萃取带来的不好的味道。

冲煮过程中，前段与后段得到的咖啡浓度和萃取物质不同，最后搅拌咖啡液，是为了避免咖啡味道产生分层。

制作步骤

1

2

3

1. 将滤纸放置在滤杯中，用常温水注满滤杯，让滤纸与滤杯充分贴合后，再使用热水冲洗滤纸去除纸味。

2. 在 15g 咖啡粉中注入 30g 水，闷蒸时间 30 秒。

3. 分三段注水，每一段注水 70g，在 2 分 20 秒时结束。

4. 等水全部滴完，一杯咖啡完成。

5. 用小勺搅拌分享壶中的咖啡液。

4

5

扫码观看视频步骤

金属滤网
与查老师的
冲煮心法

06

黄俊豪

首位在华工作的 COE 国际比赛评审

在成为咖啡圈内著名的"查老师"之前，黄俊豪曾是一名在实验室里埋头做实验的理工科学生。

1998 年，黄俊豪考入台湾清华大学生命科学系，主要研修微生物、分子生物及遗传学等基础科学。研究生阶段加入"中央研究院"生物医学所，协助教授研究合成药物对于癌症的治疗。

科研工作经常需要熬夜加班，可以提神的咖啡成了黄俊豪的"好伙伴"。本着实验研究精神，他开始研究咖啡冲煮、烘焙，对咖啡逐渐产生浓厚的兴趣和探索欲，于是他辞去原本的工作投入咖啡行业，同时也把严谨的科学研究方法运用到了对咖啡的研究上。

2006 年加入台北哈亚极品咖啡，开启了他的咖啡生涯。此后的十多年里，他涉猎了咖啡产业的不同领域，担任过不同的角色：咖啡师、烘焙师、杯测师、培训师、国际咖啡赛事评委。因为英文名叫作"查尔斯"，所以他

被圈内人亲切地称为"查老师"。他认为一个好的咖啡师需要思考很多事情，思考这个市场的走向，思考整个行业的未来。对他来说，把咖啡做好太简单了，这是一个咖啡师所需要具备的最基本的素质。

查老师也曾多次参加咖啡比赛，最好成绩是台湾地区的第二名。2012 年至布隆迪担任 COE 国家评杯比赛实习国际评审。2013 年成为了首位在华工作的 COE 国际比赛评审。他还承担了 2014 年出版的《世界咖啡地图》（*THE WORLD ATLAS OF COFFEE*）的部分翻译工作，这本书也被誉为是全世界最受人追捧的咖啡圣经。2015 年年底成为企鹅吃喝指南咖啡事业部顾问，其间他拍摄了许多视频教学节目，希望用最平实易懂的方式将咖啡推广给更多消费者。

金属滤网

滤杯滤纸的结合体，不需要滤纸，使用起来环保卫生，操作也非常简单，可以与玻璃分享壶搭配使用。

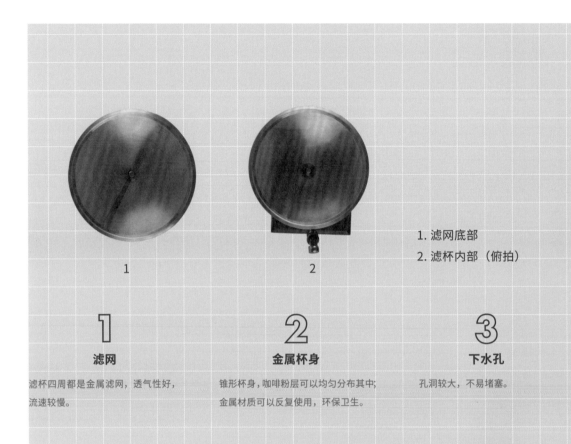

1. 滤网底部
2. 滤杯内部（俯拍）

1 滤网
2 金属杯身
3 下水孔

滤杯四周都是金属滤网，透气性好，流速较慢。

锥形杯身，咖啡粉层可以均匀分布其中；金属材质可以反复使用，环保卫生。

孔洞较大，不易堵塞。

{ 优缺点 }

1. 滤网这一媒介，不仅提升了性价比，还可以过滤掉影响咖啡风味及口感的物质。

2. 没有了会吸走咖啡油脂的滤纸，用金属滤网冲煮的咖啡风味展现完整，油脂丰富。

3. 方便、环保、卫生且价格便宜。

4. 容易有咖啡细粉或残渣留在咖啡液中。

{ 综合打分 }

* 便捷性 5 分　不需要使用滤纸，减少一个步骤更便捷。

* 外观设计 4.5 分　设计简洁美观，金属质感干净精致。

* 经济性 4 分　价格从几十元到几百元不等，但属于一次性投入，省去了购买滤纸的费用。

* 清洗及保养 4 分　需要保持干燥，以避免生锈。

所需材料配比

器具：金属滤网

粉水比：1 ：16.6

水温：90 ～ 95℃

时间：2 分 15 秒左右

研磨度：粗

咖啡：咖啡豆 20g（本节中使用了中浅烘焙日晒危地马拉咖啡，克重可根据实际情况调整）

技法说明

这个技法很简单，只需要分成三段均等注水。

分段萃取比一次性注水的萃取率高。第一段注水 110g，闷蒸的同时调整了浓度；第二段萃取咖啡的风味；第三段调整浓度和平衡感。用水流尽量促使咖啡粉翻滚，用水流的粗细来控制最后加完水的总时间，保证全部滴完的时间控制在 2 分 15 秒左右。

自己在家冲咖啡的时候常常感到挫败：

"为什么不好喝？"

"为什么每天都不一样？"

"为什么自己做的跟咖啡馆的不一样？"

而该技法最大的优点是，即使每天的手法有些许不同，结果也会比较一致。操作者就不会因为每天制作出来的咖啡味道不一致而感到疑惑和挫败。

1. 将咖啡粉倒入金属滤杯中。
2. 注水 110g。
3. 注水 110g。
4. 注水 110g。

扫码观看视频步骤

07

王启棱

2015 年世界咖啡冲煮大赛中国赛区冠军

2015 年中国引进了第一届世界咖啡冲煮大赛，王启棱成为了首位 CBrC 冠军。

王启棱的咖啡从业经历有点传奇。

大学时代的王启棱曾是一个迷茫的"问题少年"，对于生活的目标也很模糊。于是他离开校园，到社会上去打零工。他做了很多份兼职，却依然觉得自己一无是处。对于生活和未来都感到毫无头绪的他去成都旅行，偶然地参加了一个咖啡兴趣课程，随后抱着玩票的心态参加了当地的一个小型咖啡师比赛，作为业余选手击败很多专业咖啡师获得了第一名。

"那场比赛规模比较小，含金量可能真的不高，但是颁奖的那一刻，第一次让我相信自己可以把一件事做好，并且可以做得更好。那场比赛坚定了我在咖啡这条路上走下去的念头，我想这是我人生的第一个转折点。"

这场小比赛让他对咖啡产生了浓厚的兴趣，他也由此走上了咖啡从业者的道路。

培训结束后，王启棱前往重庆工作，成为了一名咖啡培训助理。在这个过程中，他始终不忘精进自己的咖啡专业技术，在来到重庆的第二年，他参加了 CBrC 重庆分赛区的比赛，一举获得了冠军。彼时的王启棱已经开始了解自己的强项和弱点，知道如何扬长避短。当时为了

备赛，他连续几个月每天只睡四五个小时，白天上班，晚上训练，彻夜在国内外论坛找资料，了解最新的咖啡信息，通过观看比赛视频来了解流程，不时地备注总结。在没有任何团队的情况下，他独自完成了这一切。

2015 年世界咖啡冲煮大赛中国赛区决赛中，王启棱获得了冠军。

在与咖啡同行的岁月里，王启棱从名不见经传的小人物一路历练学习，最终成为在全国赛场上大放光芒的冠军咖啡师，形成了对咖啡的独到见解，也重新树立了自己的世界观和价值观。他和女友在上海创立了 O.P.S. CAFE，这间主打创意咖啡、以"照顾他人感受"为服务特色的咖啡店迅速吸引了国内外的咖啡爱好者，成为了一个不可复制的经典案例。

聪明杯

聪明杯原名为聪明先生的咖啡滤杯（Mr. Clever Coffee Dripper），最初为一款冲茶器，因其在冲煮咖啡时也非常方便，后被咖啡师和咖啡爱好者们广泛使用。

1   2   3

1 梯形杯身

外形类似扇形手冲滤杯，需要搭配扇形滤纸来使用，材质为树脂。

2 活阀

活阀设计使咖啡液能停留在滤杯中，直至浸泡完成后再将滤杯扣压在容器上方。

{ 优缺点 }

1. 可以保证咖啡拥有过滤式咖啡的酸质和干净度[①]。

2. 在冲煮的过程中产生的变量比较少，一次性注水之后就以浸泡的方式进行萃取，制作简单，适合初学者，可以灵活地调整咖啡液的浓度。

3. 后段的萃取率比较低，相较于 V60 等过滤式萃取的咖啡冲煮器具，使用聪明杯冲煮的咖啡，在风味的复杂性和层次感上要逊色一些。

{ 综合打分 }

* 便捷性 4.5 分   材质轻盈，方便携带。

* 外观设计 4 分   简洁大方，有多种颜色可以选择。

* 经济性 4.5 分   一百元内可以买到一个得心应手的聪明杯。

* 清洗及保养 4 分   比洗碗还简单。

---

1. 干净度：咖啡液中可感知风味的清晰程度和所含杂质的多少。

所需材料配比

器具：聪明杯

粉水比：1 ：15

水温：88℃

时间：1分半钟

研磨度：中等偏粗

辅助工具：搅拌棒

咖啡：咖啡豆 30g（本节使用了中深烘焙的日晒埃塞俄比亚咖啡，克重可根据实际需要进行调整）

技法说明

使用中等偏粗的研磨度，减少细粉，避免由于研磨不均匀导致咖啡后段萃取出不好的味道。

降低粉水比，避免咖啡萃取过度而产生的苦味和涩味。

第一次注水 50g 时，属于过滤式的萃取，萃取率较高，可以带出咖啡的酸质和甜味。在第二次注水 100g 之后，属于浸泡式萃取，调节咖啡的触感和干净度。第三次注水 80 ～ 120g，稀释咖啡液，得到浓度适中的一份咖啡。

聪明杯基本可以适用于任何产区、处理法和烘焙度的咖啡豆，但是烘焙程度非常低的咖啡豆比较难用聪明杯来展现它的风味。而很多烘焙较深的咖啡豆甚至有瑕疵的咖啡豆，在用其他手冲器具冲煮时会产生的苦味、涩味都可以通过使用聪明杯和我们所推荐的手法来避免，并且可以展现深烘焙咖啡豆的酸质和巧克力甜感。

1. 润湿滤纸，将咖啡粉倒入聪明杯中。

2. 注入 50g 水，进行闷蒸，时间为 30 秒。

3. 注入 100g 水，用勺子或搅拌棒搅拌，让咖啡与水更好地接触。

4. 静置 1 分钟，把聪明杯放置于分享壶上方，打开活阀，让咖啡液流入分享壶。

5. 最终得到 90 ~ 100g 浓度较高的咖啡液，可以根据个人的口味和喜好加入适量的水来稀释咖啡液，搅拌或者摇晃均匀，即可饮用。

法压壶
与铃木树的
冲煮心法

08

铃木树

世界第二、日本第一的女咖啡师

日本每年进口约 43 万吨的咖啡

仅次于美国和德国

同时还拥有不少全球顶级的咖啡师

铃木树就是其中的佼佼者

2011 年 JBC 冠军，WBC 第五名

2013 年 JBC 冠军，WBC 第四名

2016 年 JBC 冠军，WBC 亚军

看到这个优异的成绩单，不禁赞叹铃木树不愧是"世界第二、日本第一的女咖啡师"。每一次见到铃木树，都会被她温暖、阳光、亲切的笑容所打动。身为世界级的咖啡大师，她非常平易近人，总是希望能以最简单平实的方式把咖啡分享给每一个人。

铃木树接触咖啡是在 2006 年。偶然在咖啡馆看到咖啡师制作拉花，使铃木树对这种奇妙的技术产生了兴趣，便应聘了一份在咖啡馆的工作。工作之后，随着对咖啡行业的了解不断加深，铃木树渴望提升自己的专业度，于是在 2015 年加入了以高品质生豆贸易而知名的丸山咖啡公司并工作至今。

铃木树出身于吧台，深谙服务的精髓，对于如何与顾客沟通和交流，有着自己的心得；同时她又精于技术，在扎实的技术基础上不断创新。

铃木树在 2011 年第二次参加 JBC（世界咖啡师大赛日本赛区选拔赛）的时候就获得了冠军。2016 年 WBC 总决赛上，铃木树取得了世界第二的好成绩。她觉得自己已经在比赛中做到了最好，也最大程度地享受了比赛的过程，所以想要在未来专注培训工作，充分享受咖啡师的角色。

法压壶

法压壶，英文名"French Press"，又名咖啡活塞壶（Coffee Plunger），除了制作咖啡之外，也可以用来冲泡茶叶。

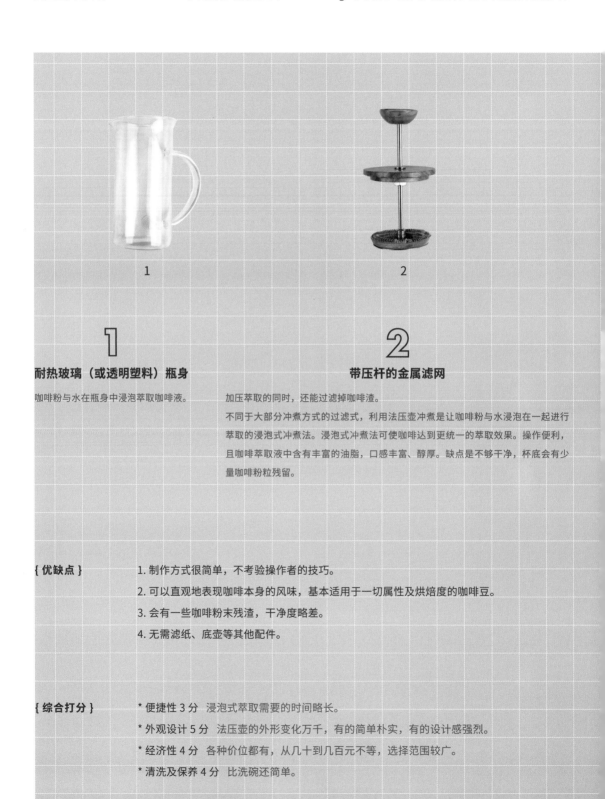

1

2

1 耐热玻璃（或透明塑料）瓶身

咖啡粉与水在瓶身中浸泡萃取咖啡液。

2 带压杆的金属滤网

加压萃取的同时，还能过滤掉咖啡渣。

不同于大部分冲煮方式的过滤式，利用法压壶冲煮是让咖啡粉与水浸泡在一起进行萃取的浸泡式冲煮法。浸泡式冲煮法可使咖啡达到更统一的萃取效果。操作便利，且咖啡萃取液中含有丰富的油脂，口感丰富、醇厚。缺点是不够干净，杯底会有少量咖啡粉粒残留。

{ 优缺点 }

1. 制作方式很简单，不考验操作者的技巧。

2. 可以直观地表现咖啡本身的风味，基本适用于一切属性及烘焙度的咖啡豆。

3. 会有一些咖啡粉末残渣，干净度略差。

4. 无需滤纸、底壶等其他配件。

{ 综合打分 }

* 便捷性 3 分 浸泡式萃取需要的时间略长。

* 外观设计 5 分 法压壶的外形变化万千，有的简单朴实，有的设计感强烈。

* 经济性 4 分 各种价位都有，从几十到几百元不等，选择范围较广。

* 清洗及保养 4 分 比洗碗还简单。

所需材料配比

器具：法压壶

粉水比：1︰16.6

水温：94～96℃

咖啡：27g（本节使用了洪都拉斯咖啡豆，克重可根据实际需要进行调整）

时间：4分30秒

研磨度：中等

辅助工具：勺子（用于搅拌）

技 法 说 明

水温建议控制在94～96℃。如果水温过高，浅烘和中浅烘的咖啡豆会丧失很多的
风味和味道。如果是深烘的豆子，可以用94℃的水来降低苦味。
法压壶可以在没有秤的情况下使用，不会对咖啡的风味产生影响。

制作步骤

1. 将咖啡粉倒入法压壶中，轻轻地摇晃几下让咖啡粉分布得更加均匀。

2. 注水 150g，静置 30 秒，此段为闷蒸过程。

3. 注水 300g，同时搅拌，让咖啡与水充分接触，静置 3 分钟。

4. 4 分 30 秒时，将金属滤网压至底部，倒出咖啡液。

扫码观看视频步骤

爱乐压
与张晓博的
冲煮心法

张 晓 博

2018 年世界爱乐压大赛亚军

获得2018年世界爱乐压大赛亚军的张晓博其实是个"圈外人"，他任职于航空物流公司，快速供应链业务才是他的老本行。

5 年前，张晓博所在物流公司的快速供应链业务部开始尝试产地水果业务的海外贸易，但是国内电商市场的发展对物流企业的进口水果业务挤压很严重，于是在 3 年前他开始寻找新的可以深入的产品。他不仅引进了海外的咖啡熟豆品牌，还成为了挪威咖啡生豆品牌"北欧进击"的中国区独家代理。

两年之后，他开始继续追寻咖啡产业的上游，引进高品质的咖啡生豆。在张晓博看来，小产区的小农种植更容易实现咖啡生豆处理法方面的创新。于是他开始关注像哥斯达黎加这样的小产区，深入产地，从咖啡农户手中获得第一手的资料。哥斯达黎加是中南美洲第一个使用"蜜处理"的产区国，因为当地高海拔的产区非常缺水，所以他们只能把咖啡果做成半日晒的处理法。近年来，很多五花八门的创新处理方法在一些小产区国渐渐成熟，比如厌氧发酵处理法、红酒处理法。"朗姆酒发酵处理"的哥伦比亚咖啡豆是张晓博正在推广的一款咖啡生豆，这种处理法接近无氧发酵，糖分的转化率高，口感甜，适合中国人的口味。

"圈外人"张晓博并没有参加专业的咖啡培训，他利用自己的贸易工作接触到了很多咖啡行业内的"大咖"，在工作交流中，他便直接学习到了行业前辈们的经验。

为什么选择参加爱乐压比赛？

张晓博是在自己家附近的 Release Coffee 第一次见到爱乐压这种冲煮器具的，恰巧这家咖啡馆的店主陈思思就是 2014 年世界爱乐压咖啡大赛的中国区冠军，她成为了张晓博使用爱乐压做咖啡的启蒙老师。

在张晓博看来，爱乐压是一种非常"接地气"的咖啡器具，材质是很常见的平价塑料，使用起来丝毫不娇贵。爱乐压的制作很有趣，它可以融合浸泡式的萃取和镇压的滴滤式萃取，还可以通过加压来加速萃取过程，使用爱乐压制作咖啡可以给咖啡的萃取带来很多可能性。

"只要一看到这个器具，我的脑海中就联想出各种萃取方案。"他说道。

爱乐压

爱乐压（AeroPress）是最不像专业冲煮器具，但是能提供最多可能性的咖啡冲煮器具。它于 2005 年正式发布，其设计者是美国斯坦福大学教授机械工程的讲师。

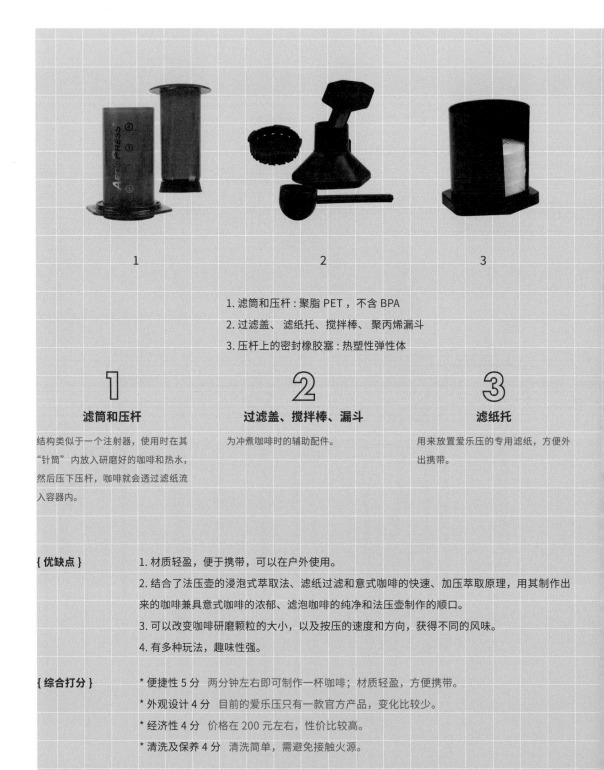

1 2 3

1. 滤筒和压杆：聚脂 PET，不含 BPA

2. 过滤盖、滤纸托、搅拌棒、聚丙烯漏斗

3. 压杆上的密封橡胶塞：热塑性弹性体

1 滤筒和压杆

结构类似于一个注射器，使用时在其"针筒"内放入研磨好的咖啡和热水，然后压下压杆，咖啡就会透过滤纸流入容器内。

2 过滤盖、搅拌棒、漏斗

为冲煮咖啡时的辅助配件。

3 滤纸托

用来放置爱乐压的专用滤纸，方便外出携带。

{ 优缺点 }

1. 材质轻盈，便于携带，可以在户外使用。

2. 结合了法压壶的浸泡式萃取法、滤纸过滤和意式咖啡的快速、加压萃取原理，用其制作出来的咖啡兼具意式咖啡的浓郁、滤泡咖啡的纯净和法压壶制作的顺口。

3. 可以改变咖啡研磨颗粒的大小，以及按压的速度和方向，获得不同的风味。

4. 有多种玩法，趣味性强。

{ 综合打分 }

* 便捷性 5 分　两分钟左右即可制作一杯咖啡；材质轻盈，方便携带。

* 外观设计 4 分　目前的爱乐压只有一款官方产品，变化比较少。

* 经济性 4 分　价格在 200 元左右，性价比较高。

* 清洗及保养 4 分　清洗简单，需避免接触火源。

所需材料配比

器具：爱乐压

粉水比：1：13.3

水温：90℃

时间：2 分钟左右

研磨度：中度

咖啡：咖啡豆 15g（本节使用了朗姆酒发酵处理的哥伦比亚咖啡豆，克重可根据实际需要进行调整）

技法说明

搅拌是使用爱乐压的一个重要步骤，可以提高萃取率，但是每一次搅拌都会带来不一样的结果。

所以张晓博会用粗颗粒、大粉量的咖啡粉，放慢萃取的过程，搅拌的同时增加一些可以在短时间内完全被萃取的极细咖啡粉，以保证出品稳定、减少变量。

使用爱乐压冲煮咖啡时，可以多浸泡，让咖啡粉更多地接触水，充分萃取。如果想要保留咖啡前段的风味，可以选择用正压的方式；如果想要整杯咖啡的浓度更高，可以通过加快下压来加速萃取；如果想要咖啡的口感更干净，那么只需要放慢加压的速度。

制作步骤

1. 反压放置爱乐压。

2. 装填滤纸并用热水冲洗滤纸，去除纸味待用。

3. 一次性大水流注入200mL 90℃热水（推荐使用类似于农夫山泉的瓶装水）。

4. 注水完毕后用搅拌棒轻轻搅拌粉层上缘，保证咖啡粉全部浸泡于水中。

5. 安静放置至一分钟。

6. 深深搅拌 3～6 次。

7. 安装滤纸，将爱乐压扣在承装容器上，满满压 30～45 秒，在听到"嗞嗞"声时停止下压，一杯好喝的咖啡就完成了。

扫码观看视频步骤

Chemex
咖啡滤壶
与 胡颖的
冲煮心法

胡 颖

中国第一位咖啡与烈酒双料冠军

胡颖是迄今为止国内唯一一位双料冠军。

第一次见到胡颖是在 2017 年世界咖啡师大赛中国赛区决赛上，她穿着白衬衫黑围裙在台上做展演。她专业而美丽的姿态、干练的气质和亲和力给人留下了深刻的印象。

胡颖一直认为经营是一件很有趣的事情。在大学毕业后，胡颖从北京回到家乡贵阳，从一家街边小店做起，开始了她的咖啡事业。10 年过去，这家叫作 Nectar One Cafe 的街边的小店，也在胡颖和爱人卢源的用心经营下，慢慢地成为了全国知名乃至各国同行都会来拜访交流的咖啡馆，即使放到北上广的一线城市里也毫不逊色。Nectar 的含义是"琼浆玉液"，特指古希腊神话中众神饮的酒，将咖啡比喻成神仙的饮料，隐喻着胡颖和卢源对咖啡的信仰。

胡颖热衷于参加各种咖啡赛事，且成绩斐然。从 2013 年开始她的身影就出现在各大赛场上：2015 年世界咖啡师大赛中国赛区总冠军，2015 年世界咖啡与烈酒大赛中国赛区总冠军，2016 年世界咖啡师大赛前十二强。在她看来，夺得中国赛区的冠军是她必须经历的阶段，因为她的目标始终是世界冠军。
那么胡颖是如何看待咖啡师比赛的？她又为什么会一直不断地参加比赛呢？

胡颖认为咖啡师比赛是非常有意义的一件事，它给了很多人了解咖啡的机会，给了咖啡师展现自己的途径和舞台。每个行业都像金字塔，因而每个行业也都需要金字塔顶部的榜样，而她自己也还在努力前行和不断攀爬的过程中。不断地参加比赛，披荆斩棘地挑战自己，是实现这个目标的必经之路。对胡颖来说，杯子里面的风味不直接等于最好的生豆，也不仅仅等于超越水准的萃取方案，而是来自 3 个部分：高品质的生豆、卓越的烘焙技术和超越水准的萃取。她的爱人卢源运营的咖啡烘焙工厂就是在做着其中的第二个部分。

"我们只是用心在做自己擅长的事情，whatever you are, be a good one。"胡颖说道。

Chemex 咖啡滤壶

Chemex 咖啡滤壶于 1941 年问世，是一款玻璃质一体式手冲滴滤壶，由于外观设计精致典雅，曾被纽约现代艺术馆收藏。

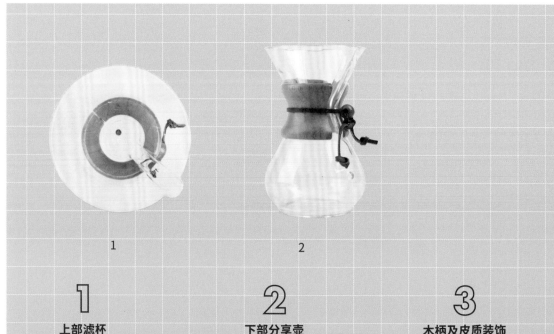

1

2

1 上部滤杯

壶身只有一侧有排气凹槽，冲煮时的下水速度较慢，可使咖啡粉与水充分接触。

2 下部分享壶

咖啡液直接通过滤纸滴入下方的分享壶中。

3 木柄及皮质装饰

木柄主要起隔热的作用，方便手持；皮质装饰增强了器具的美观度。

{ 优缺点 }

1. 流线型设计非常美观。
2. 大号的 Chemex 咖啡滤壶非常适合用于多人分享，滤杯和分享壶一体化也很方便使用。
3. 高温玻璃材质和较厚的滤纸保证咖啡有较好的干净度，给人一种精致的感觉。
4. 下水速度较慢，在操作中需要避免咖啡过萃。
5. 搭配的专用滤纸成本较高。
6. 萃取原理介于过滤与浸泡之间，可以分段注水萃取，也可直接一次性注水，可根据需求调整冲煮方法。

{ 综合打分 }

* 便捷性 4 分　一体壶，做完咖啡可直接倒入杯中饮用。

* 技术难度 4 分　冲煮方式很简单。

* 外观设计 5 分　设计优雅。

* 经济性 3 分　价格在 300～600 元之间，专用滤纸的价格为 1 元一张。

* 清洗及保养 4 分　下部分享壶在清洗时不易触及，需要借助清洁工具。

所需材料配比

器具： 大号 Chemex 咖啡滤壶

粉水比： 约为 1 ∶ 15

水温： 93℃

时间： 2 分钟左右

研磨度： 中度

咖啡： 20g （本节使用厌氧发酵处理哥斯达黎加咖啡豆，克重可根据实际需要进行调整）

技法说明

三次注水，闷蒸之后快速地在咖啡粉中心注入 100g 水，属于过滤式萃取，让水流快速通过中心较厚的粉层，萃取酸质和甜感，水流要尽量保持匀速，让水和咖啡粉充分接触；第二次注入 100g 水，画圈注入，实现浸泡式萃取，提升咖啡的风味和醇厚度；最后一次注水 100g 是为了调节咖啡浓度，避免过度萃取出咖啡中不好的味道，使整杯咖啡的风味更加平衡。在操作时可根据个人喜好调整这一步的水量。在冲煮过程中，每次注水的时间约为 10 秒，观察下水的情况好进行下一段的注水，时刻观察咖啡粉的状态和香气变化，调整注水量。

1. 注入 50g 左右的水，打湿咖啡粉，进行 30 秒的闷蒸。

2. 注入 100g 左右的水，在咖啡粉中间注水。

3. 注入 100g 左右的水，采用均匀画圈注水的方式，让咖啡粉与水的接触更均匀。

4. 这个技法很简单，只需要分成三段均等注水。

分段注水比一次性注水的萃取率高，第一段注水 100g，闷蒸的同时调整了浓度；第二段注水 100g 萃取咖啡的风味；第三段同样注水 100g，调整浓度和平衡感。用水流尽量让咖啡粉翻滚，用水流的粗细来控制注水的总时间，保证全部滴完时间控制在 2 分 15 秒左右。

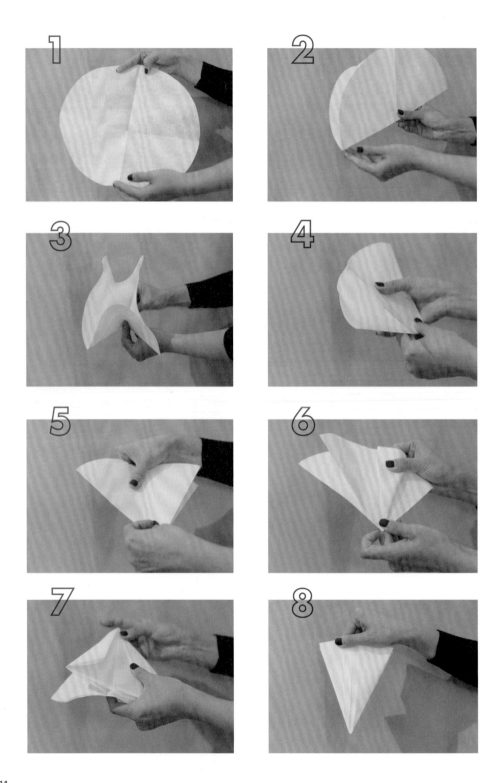

扫码观看视频步骤

咖啡风味

1. 使用杜嘉宁冲煮心法制作的浅烘焙水洗埃塞俄比亚咖啡，呈现出柑橘般鲜明的酸味，以及类似佛手柑和柠檬的清香。

2. 使用粗谷哲冲煮心法制作的浅烘焙水洗肯尼亚咖啡，呈现出类似菠萝、葡萄等水果的酸味，尾韵有焦糖的甜感。

3. 使用李思莹的冲煮心法制作的浅烘焙瑰夏咖啡，呈现出像玫瑰花、茶、柑橘的酸味和草莓酱的浓郁甜感。

4. 用陈冠豪的冲煮心法制作的这一杯水洗云南咖啡，具有柑橘般明亮的酸味、坚果和糖果般的甜感，以及红茶般的触感。

4

5. 用潘志敏的冲煮心法制作的这一杯中深烘焙的曼特宁咖啡，具有类似草药和植物的芳香、苹果和蔓越莓的柔和酸味、焦糖和可可的甜感。

6. 用查老师的冲煮心法制作的这一杯日晒危地马拉，呈现出菠萝般的香气、桃子般柔和的酸味，还有龙眼般的甘甜。

7

7. 用王启棱的冲煮心法制作的这一杯日晒埃塞俄比亚咖啡，有柑橘般的酸和清新花的香。

8. 用铃木树的冲煮心法制作的这一杯洪都拉斯，具有类似甜瓜酱和葡萄干的风味。

9. 张晓博冲煮的这一款朗姆酒发酵处理的哥伦比亚咖啡，喝起来有一种威士忌酒的香味。

10. 胡颖冲煮的这一款厌氧发酵处理的哥斯达黎加咖啡，呈现出像花和佛手柑的香气，以及像百香果和水蜜桃的酸味。

10

第三章

冲煮咖啡的魅力是什么?

跨界咖啡达人专访

摄影：like 一只菠萝

人生百味中
有咖啡的醇厚

专访五月天石头

{ Q & A }

在胡同咖啡馆新装修的后院里，当野猫悠闲地踱步在屋顶，阳光穿透玻璃窗，一切都刚刚好的时候，他走了进来，在真实的距离中，说道："你们好，我是石头。"石头说，他已经数不清来北京多少次了，但却是第一次来胡同。走进这条都是文艺小店铺的五道营胡同，感觉非常的特别，老百姓过日子的街区成为了有生活情趣的商业区，一新一旧交融在一起，生活感很强，咖啡馆理应出现在这样的场景中。秋日的京城午后，太阳既不浓烈也不羞涩，高高地挂在天空，让人觉得十分清爽。石头说，五道营这个名字，让他想起了台南的一些地名，跟北京的胡同一样会有一些特别的用意在其中。

石头喜欢文字，演出之前他一般都会安安静静地在酒店里写东西，保持头脑的清醒状态。因为代言手游，所以他也会去认真地玩游戏，每一次玩游戏都会想要战胜之前的自己。跟很多玩家一样，石头说玩游戏也要看攻略，了解其中的规律，如果输了，就要问自己是为什么。他说这就像煮咖啡一样，如果今天你想要喝一杯真正好喝的咖啡，那么你就需要挑选咖啡豆，选用适合的器具，并研究冲煮方案。

是的，除了明星、歌手、音乐人、写作者、演员等身份之外，今天和我们面对面聊天的这个大男孩，还是一位咖啡发烧友，聊起跟咖啡相关的话题便停不下来了。

《错觉》："这胡同似乎有魔力，能让时间有如橡皮筋般的被拉长……离开咖啡店时，店后院阳光房里的阳光早已经先走了，胡同的小路被最后那一句不舍的告别给染成了金黄，这才突然发现自己爱上这些老街旧巷的原因，不就是为了这一刻接近黄昏的光影，好让自己有种回家的错觉吗？"——五月天有石

杯中是石头喜欢的日晒埃塞俄比亚手冲咖啡

W：不敢相信坐在我面前的你，说话这么安静斯文，与舞台上激情释放的样子非常不一样，哪一个才是真正的你？

S：其实每一个人都有很多面，大家都只看到了其中一面。可能人们了解我最多的就是舞台上的样子，但是那只是我众多面中的一个。舞台上与摇滚紧密结合的那个人，那个印象太庞大，持续太久了，所以很多人会认为那就是我。而更多的时候，在房间里写东西、看书，在车上不讲一句话，默默看风景的那个人才是大多数时候的我。所以我试图以文字或者摄影的方式来让人们看到完整的我，但不论怎么努力去呈现"完整"，大家也只看到其中一面。比如我的妻子和小孩，他们最经常看到的就是我做父亲和丈夫的那一面。我能够做的就是在展现任何一面的时候，努力地不留遗憾、不后悔，而最终我们还是要面对自己，而我还在寻找我最喜欢的自己。

W：你与咖啡的故事是什么样子的？

S：我可能是一个喜欢研究东西的人，在喜欢上咖啡之后，我便开始研究各个产区的咖啡豆，去每个城市喝咖啡。

W：经常喝咖啡的你，会更喜欢浅烘焙还是深烘焙？有没有特别喜欢的咖啡种类？

S：我最开始尝试过很多的咖啡豆，不同产区、不同的处理法，后来我渐渐发现自己比较喜欢日晒处理法的口感，喜欢埃塞俄比亚、西达摩这几种。其他产区的咖啡豆和烘焙方式我也会去尝试。但是如果这是今天最后一杯咖啡，喝完就结束这一天的话，我还是会选择日晒埃塞俄比亚的手冲咖啡。

我更喜欢浅烘的咖啡豆，喜欢它的层次和变化，我觉得深烘焙的咖啡会失去其作为食物的乐趣。就像是我奶奶或者姑姑煮的菜一样，同样的食材在她们烹饪后会给人不同的感受，你会在那个时刻留下特别的记忆，而深烘焙可能会把这个记忆给切平，让人觉得惋惜。喝浅烘焙的咖啡豆会有一点像红酒品鉴，我觉得这也是对"五感"的训练，可能不仅仅是满足"清醒"这一个简单的身体需求，人生有很多味道需要去品味，咖啡也是其中一种，它的厚度和酸甜苦，都蕴含在人生百味中。

W：石头在演唱会之前会喝咖啡吗？会带着咖啡去旅行吗？

S：会啊，我一般每天早上一定会喝一杯，演唱会之前也会喝。以前旅行的时候我会带着手摇磨豆器，我老婆会负责冲咖啡。她现在比我还要讲究，行李箱里会带一个电动磨豆机，方便更好地控制豆子的粗细。

W：我在文章里读到你小时候家里的咖啡馆，很好奇那是什么样子？

S：那是我叔叔开的一个小精品店，售卖服装，里面有一个小吧台，我姑姑在里面冲咖啡。那时候卖的都是深烘焙的咖啡豆，小时候的我也不太记得那些咖啡的味道。她会用虹吸壶做咖啡，我喜欢看那些物理现象的发生，蒸汽升腾，在虹吸壶上凝结，水对抗着地心引力不断沸腾，蒸汽、水和咖啡粉的变化，让我觉得很有趣。文字的感觉也类似，虽然文字是静止的，但它会在我的脑海中发生化学反应。我的乐器行也有咖啡吧台，很多人来喝咖啡觉得很不错，咖啡反而成了乐器行的主角。但其实我更希望，咖啡只是大家交流的工具。

W：如果从头再来，你会给人们什么样的音乐？

S：如果还是在音乐上从头做选择，我希望自己可以成为一位钢琴家。我很崇拜坂本龙一，他少年时学习音乐，钻研自己的技巧，到现在他可以做一些超现实的音乐。但是更厉害的是，他把音乐作为自然中的一个元素，让音乐自然地流淌在生活中。《末代皇帝》《神鬼猎人》那些非常经典的电影配乐都是他做的。而我其实从高中才开始接触音乐，没有机会系统地学习乐理，因此羡慕那些可以把音符当作文字来阅读的人。如果可以重新选择，我希望可以走他走过的路，很多学问都需要从基础来做，哪怕很枯燥。我认为厉害的音乐人，他能够把生活中的感悟融汇到艺术中，人们听到就能被感动，而不需要真的看到这些东西的原型。跟咖啡一样，喝咖啡的时候你不会联想到咖啡豆或者器具，而是想到对面谈天的人的心情，外面的胡同街道和历史。

音乐不是音乐，咖啡不是咖啡，文字不是文字，这样才是咖啡行业的成功。

随时随地冲咖啡

专访飞行华子

摄影：禹思桦

{Q & A}

Q = 行走的咖啡地图　**A** = 飞行华子

飞行华子冲的美味咖啡为人称道，他不仅在粉墙黛瓦的苏州城里冲咖啡，还骑着自行车在前往云南产地的公路边冲咖啡，在太湖中心的船上冲咖啡，在时尚活动中、画展与音乐节上、人影如织忙忙碌碌的市井街头冲咖啡……随时随地让咖啡在手中翻滚起来。他冲咖啡时专注而帅气，他冲的咖啡仿佛有种魔力，凡喝过他冲的咖啡的人，都赞不绝口。那么他是如何冲煮咖啡的呢？

Q: 第一次喝咖啡是什么时候？说一两个你生活中跟咖啡相关的故事吧。

A: 第一次喝咖啡算是大学期间，好奇于"咖啡"这个词语，便开始尝试自己研磨做手冲咖啡。记得第一次拿到一包新鲜烘焙耶加雪菲惊喜不已，然而冲煮之后，喝到第一口时却想爆粗口："怎么那么酸，是不是打开方式不对？"后来咨询了烘焙师并换了巴西咖啡做对比，才发现不同的咖啡豆差别会那么大，瞬间打开了我的咖啡世界。记得当时有很多隔壁班的同学找我蹭咖啡喝，想想也是蛮有趣的。

Q: 简单介绍你自己，为什么会进入咖啡行业？

A: 大学毕业后作为一个一直不务正业的人没有去做朝九晚五的工作，而是中了咖啡的毒，一门心思决定开一家咖啡馆，从自己制作一杯 espresso 开始……

Q: 你自己会在家里如何做咖啡？你喜欢什么样子的咖啡？

A: 在家里我用得最多的是爱乐压，用它冲煮咖啡，方便快捷易清理，咖啡风味也会有很好的表现。我个人比较喜欢风味明显且干净度高的咖啡豆，每天早晨喝上一杯这样的咖啡能够开启我愉悦的一天。

Q: 对你来说，冲煮咖啡的魅力是什么？

A: 冲煮咖啡的魅力在于它的不确定性和多变性，不同的咖啡豆在不同的研磨度、水温、萃取方案下表现千差万别。不同的冲煮器具和不同的冲煮环境都会改变一杯咖啡的味道。我去很多地方时都会带上一套简易的冲煮器具，尽可能在不同的环境下做一杯特别的咖啡，所以每一杯咖啡都是独一无二的存在。

Q: 做咖啡的方式和器具是什么？喜欢什么样的风味？

A: 在咖啡店里的单品咖啡大部分是选择用 V60 滤杯出品，这源于我们偏好咖啡豆前段的水果风味，以及想要尽可能提升豆子的干净度。

得让人知道什么叫
好看又好喝的咖啡

专访吴凌波

什么是杯测（Coffee Cupping/Coffee Tasting）？
它是"精品咖啡"这个新兴事物中最重要的一个部分，杯测源于生豆品质的鉴定，
它最早发源于咖啡的原产地，农民或者负责咖啡豆品质控制的人对咖啡豆进行试饮，
判断咖啡豆的香气和风味。

私以为懂得味道的人才能制作出好的咖啡产品，比如吴凌波。
他是 2014 年国内首届杯测大赛的冠军，与设计师朋友一起创立
了"少数派咖啡（THE FEW COFFEE&GOODS）"。其咖啡豆
的包装和设计有时像一张新锐电影的海报，让人过目不忘；而它
们的味道更是奇妙地呈现出每一支咖啡豆的个性，让人回味无穷。

家门店，已经开了 20 年，里面有诗人的浪漫气息。

Q：你是因为什么样的机缘而进入咖啡行业的？你与咖啡之间有什么样的故事？

A：从事咖啡行业是性格使然，很自然的一件事情，就像有的人喜欢跟工程建设打交道，有的人乐意从事机构培训，有的人喜欢跟音乐打交道。从事这个行业的很多机缘都在日常细碎里，没有特定的一个或者几个。

入门之后，我会逐步构建一个自己的世界，这里面就有太多跟咖啡本身相关的故事了，每天在这种氛围里，都是咖啡。比方说，我们怎么分享自己的认知给别人，我们会和不同产地的咖啡种植农产生怎样的联系。这里有太多故事，都是有关咖啡的故事。比方说过去两年我走访的产地比较多，巴西、哥伦比亚、玻利维亚、肯尼亚、埃塞俄比亚，在不同的地方发生不同的故事，有的相似有的不一样。我尽量努力让这些故事是一个延展性很强的版本，比如我们与埃塞俄比亚的朋友的联结，已经持续了三年，我希望还能更长久，在精神意义上成为一个社区的概念。

Q：你做过培训师、烘焙师，还创立了自己的咖啡烘焙品牌，这是一个什么样的过程？而在这其中你真正的兴趣点在哪里？

A：从个人角度来说这个过程就像游戏里不断升级的过程，你会获得很多满足感，无论是精神还是物质上。一开始我只是不断吸取咖啡技术的知识，那时仅仅是打工，可能不需要操心整个品牌背后公司的运营层面。开始创立自己的品牌之后，我需要不断操心产品之外的东西，人力、宣传、营销，等等。这个时候就不是简单的"爱喝咖啡"能支撑你的了。我是最开始的时候就抱定了"得让人知道什么叫好看又好喝的咖啡"这个信念，这才是我以及我们同事在日复一日枯燥的烘焙与杯测中的精神食粮。

Q：你觉得一个人能够做出好的咖啡产品，需要具备什么样的素质？

A：这个问题太难简单概述了，比如我个人喜欢的咖啡品牌或者产品它就不一定被很多人认可接受。

私人观点，要说偏好，我还是喜欢类似 Stumptown Coffee Roster 的气质。前阵碰巧去过他们波特兰一

Q：在你看来好的咖啡品，需要具备什么样的特质？

A："好"的界限在哪里？这是先要说明的。

你可能见过各种各样不同方面的"好"，有的是品质，有的是营销，有的是皮毛。如果能在各方面都做到顶级，那么被亿万大众接受只是水到渠成。但是很可惜，基本上咖啡行业里没有这样的存在。即使跨到别的行业，能样样顶尖的也是凤毛麟角。

Q：咖啡对于你来说意味着什么？

A：咖啡是我认识世界的一条途径，我从中获得了目前为止的大部分人生阅历。

Q：除了在工厂里参与杯测，你自己在家里做咖啡吗？用什么样的器具和手法？

A：做的不多，即使做也是使用简单方便的美式咖啡机或者聪明杯过滤咖啡。

美式咖啡机不用多说，简单方便，只要咖啡豆品质好，按键就有稳定好喝的咖啡。

聪明杯的做法我通常会选择固定的粉水比（1：18），固定的研磨度和固定的水温，再根据咖啡豆的烘焙度来调整萃取时间，这也是适合懒人的高效稳定做法。

Q：如何冲出好的咖啡，你有没有自己的心得？

A：首先要挑选好的咖啡豆，剩下的制作环节（如果不追求制作上的仪式感）尽量挑选人工因素最少的器具冲煮。

Q：请推荐一款你喜欢的咖啡豆，并说明原因。

A：必须推荐我们新产季的，日晒厌氧处理的埃塞俄比亚圣士处理站精选咖啡。

当然是因为它品质好，风味足，烘焙恰当。具体来说，这是我们与产地一起，连续几年全情投入研发出的咖啡处理实验成果，它代表着我们"得让人知道什么叫好看又好喝的咖啡"这个信念。

Q：在你看来冲煮咖啡的魅力是什么？

A：对我来说，与其说冲煮咖啡的魅力是什么，倒不如说咖啡的魅力是什么。我总是着迷于那万千风味，它的酸、它的甜、它的芳香，在我吞咽时，它们一齐涌上心头。

心无杂念地冲一杯咖啡

路摇

路摇，白鲸咖啡创始人

器具折纸滤杯

豆子：15g　粉水比：1：15

水温：93℃　　时间：2 分 30 秒

研磨度：小富士 3.5

第一次注水 30mL 闷蒸 30 秒

第二次注水 100mL 1 分钟

第三次注水 100mL 1 分钟

2014 年的时候，做了八年多摄影的我觉得有点厌倦，被枯燥的商业拍摄压得喘不过气来，当下的工作已经与当初做摄影的初衷偏离了。而我又是个喜欢新鲜事物的人，总想搞点新东西（玩玩）。我就大胆地和太太商量，我很喜欢咖啡，不如做咖啡行业试试看吧？没想到太太一下子就答应了，还给了我很大的支持，于是就有了白鲸咖啡。

在家里，我主要做手冲咖啡，偶尔赶时间会喝个挂耳包。我几乎每天都会在家冲煮咖啡，所以家里的咖啡器具也相当多，我喜欢买各式各样的器具来用。喜欢的咖啡没有一个定式，如果一定要说一个状态，那我觉得是"刚刚好"，是一个当时当刻"刚刚好"的咖啡，好比吃到浓郁甜点时一杯恰好可以平衡口味的咖啡，或者是开车疲乏时的一杯恰好能够提神醒脑的咖啡，更可能是春天午后的一杯咖啡，如同一场美梦。

在我看来，冲煮咖啡最大的魅力就在于你可以亲自动手去完成一件事情，在整个冲煮咖啡的过程中，可以完全从之前的生活状态里脱离出来，思维变得非常纯净，心无杂念。整个过程中，这种从现实的喧嚣抽离出来的感觉对我来说非常有魅力。不管之前你在做什么事情、思考什么问题，在冲煮咖啡的那段时光里都不复存在了。整个冲煮的时间，是完完全全属于自己一个人的。

做咖啡的人，都特别地有梦想。在从业的这些年里，我遇到了很多"咖啡人"，比起以往的行业，这些人更充满热情，更愿意去尝试和付出。国内咖啡行业的氛围很好，大家都愿意分享和交流，很多行业的前辈和大师也少有架子。虽然很多咖啡师和从业者的薪资待遇并不理想，但是大家的热情和信念却一点也不受影响，有这样的一群以梦为马的人存在，中国咖啡行业一定会发展得越来越好。

我在 2015 年创建了白鲸咖啡，最初的理念就是想把各种优质的咖啡豆和咖啡体验分享给大家。我没有做太多吸引眼球的推广，坚持认真地做咖啡豆的烘焙和质量把控，产品也是以做精为首要目标。我希望白鲸咖啡的品类不用很多，但每一款都能有特色且经得起推敲，做能让人放心又愉悦地去享用的咖啡。

自己冲煮咖啡的时候，之前用得最多的是 V60，现在用得比较多的是折纸滤杯。冲煮手法比较传统，一般都使用闷蒸后两段注水的手法。水温会根据咖啡豆的烘焙度有所调整，深烘的豆子会用 80 ～ 85℃温度稍低的水，浅烘焙会用 92 ～ 95℃。

咖啡是我
开启生活的小仪式

插画师 succulency

succulency 毕业于北京服装学院，是一名插画师和巴西柔术爱好者。曾以原创作者身份入选参加了陈坤发起的心灵建设公益活动——行走的力量。作品曾被日本著名书籍设计师铃木一志先生收藏，并用做其自传书籍《图书设计家铃木一志的生活和意见》的封面及扉页插图，刊登在日本知名杂志《idea》上。

"手冲（咖啡）可以让人稳定思绪，心情舒畅，品尝咖啡又能使人愉悦，帮助冷静思考，作为工作之前的一种仪式，这也是我的一种体会。"

插画和巴西柔术是我个人生活里最常做的事情，我想坚持把它们做好。当然，我平时的工作主要是画画、设计新的产品。事情多的时候，脑子里会很累。能让持续转个不停的工作思绪缓和下来的，除了练习柔术，就是为自己冲一杯咖啡。喝一口我就觉得镇定下来了，所想的事情变得更有条理，哪怕是心理上这样觉得。我想这就是我最初接触咖啡的原因吧。

而接触咖啡是一个缓慢的过程，作为上班族时期的我，起初很长一段时间接受不了咖啡的苦，只买摩卡这样有甜味的咖啡饮品。我需要相对安静的环境画点儿东西，所以会选择比较冷清的咖啡店。由于比较专一，每次推开咖啡店的门，店员看见我就说："摩卡？"我微笑点头，然后去我的老座位……可能就是因为这样的原因，我的生活慢慢地和咖啡、咖啡店产生了联系。过了很久，我从摩卡过渡到了美式，因为吃完午饭后很容易困倦，再加上午休一定要去咖啡店独处的习惯。美式更能提神和化解饭后油腻。而这一段时期，公司的同事已经开始手磨咖啡豆，用手冲壶来冲咖啡喝了。有的时候我外带美式回来，经常碰见同事冲咖啡，慢慢的，通过分享、品尝，我成了公司里面手冲咖啡小群体的一员。由于只会喝不会冲，我便经常主动提出研磨咖啡豆，让同事冲来喝。

久而久之，我喜欢上了这种研磨、烧水、手冲的方式。

我觉得手冲咖啡很有趣，也很有仪式感，重要的是它可以丰富自己的生活，产生一种分享的快乐，同时又帮助人们获得好的心情和灵感。比如我很喜欢做饭，又很喜欢饭后喝咖啡，那么准备食材、烹饪、吃饭这样快乐的事又成为了手冲咖啡的铺垫，快乐因此延长，生活变得更丰富了。又或者是在家里准备画画的事情之前，在思绪不定的时候，心里念叨着"先喝一杯咖啡吧"，于是兴奋地挑选自己的杯子、咖啡豆，将烧好的热水倒进手冲壶……这一过程是快乐的，手冲（咖啡）可以让人稳定思绪，心情舒畅，品尝咖啡又能使人愉悦，帮助冷静思考，作为工作之前的一种仪式，这也是我的一种体会。

喝咖啡已经是我生活的一部分，我也会把咖啡元素、咖啡店的情景画出来，这算是生活方式给创作带来了灵感吧。创作和咖啡相关的插画或者图案产品，人们看了以后或多或少会感受到一种很生活化的美好，这也是我喜欢咖啡的原因吧。

喝咖啡不光带来美好的感受，伴随而来的还有大大小小、让人想一探究竟的咖啡店，种类繁多的咖啡豆，精致的器具……

可惜的是我还没有去过很多店，还没有买到最喜欢的手冲壶、咖啡杯……不过时间还长，这些都留给以后吧。

用咖啡编辑生活

八目先生

八目先生是 2017 年成立于上海的咖啡文创品牌，致力于提供简单不沉闷的日常咖啡饮用体验。

如果，你也常说这个世界太无聊，那么咖啡是对日常生活的一种突围：当我们从一杯咖啡回到一颗咖啡鲜果，观察这个诚实的农作物，我们发现惯常里藏着的那些"了不起"。

带着知觉与情绪再回到日常中，用初次见面的眼光，唤醒对生活的感知力，重新对世界充满好奇心。

咖啡，就是一个很好的暂停键

生活在都市里的我们，被各种既定的安排填满，时常会有"想要消失一会儿"的念头。就拿起居的环境来说，我们或是入住批量精装的成品房，或是搬进既定设置的出租屋，好像是生活在标准化的初始设定里，自然也没有太多精力顾及可居住性的问题——这是一个除了自身，其他人无法替你回答的问题。

起初，我们还不太明白"可居住性"这四个字的具体含义，直到许舜英给出更多补充：可居住性除了是一种造境，还必须是一种疗愈，这是可居住性里面很重要的一个"quality"。疗愈日常想要出逃的都市人。

用小预算，制作伟大的电影

在家就能喝到像咖啡馆里的现磨咖啡，听上去是一件很美好的事情，实现起来其实也很简单：只需要几样简单的器具（磨豆机、电子秤、手冲壶和冲煮器具）就可以实现这样一个咖啡角落。也因此，相较于意式咖啡，我们更偏爱手冲咖啡，因为它可以很"日常"。

这是八目工作室阳台的一角：惠家磨豆机、电子秤、布鲁斯蒂亚（Brewista 为美国咖啡器具品牌）温控手冲壶、KONO 滤杯和 HARIO 分享壶，还有其他摆件。整体不到 2000 元，却是我们每日都会使用的一个角落。阴天里会喝杯热咖给自己充电，晴天里会晒着太阳喝咖啡发呆。遇上客人到访，冲杯咖啡就能打开话匣子。没有灵感或感到烦闷时，也会默默起身去冲咖啡。泡咖啡时，世界都会安静下来：咖啡的香气，水流接触到咖啡粉冒出的气泡，滴答着的咖啡液……

"日子不耐过，还好咖啡耐喝。"

触手可及的有趣，成为对日常生活的突围

重复很容易让人心生厌倦，保留"可被编辑"的余地才会让咖啡角落变得更有趣味。夏日午后就来杯冰的肯尼亚，在冬天又会依赖上日晒耶加的甜感。早上醒来想灌杯重口味的曼特宁提神，精致下午茶还是得配水洗耶加。出差旅游前为自己备上几包新鲜挂耳，犯懒时不想冲咖啡就用分享壶泡茶喝。在家喝咖啡其实也不是什么特别的事，不用特意"端着"才是"日常"。

"撕开挂耳的瞬间，我觉得面对着电脑工作的自己被拯救了。我心目中对好味道的最好反馈不是语言，而是来自身心的自然呈现。我满足地点着头，嘴角挂着还没褪尽的弧度，欢欣地跷起二郎腿，这应该是对这杯咖啡最好的赞扬吧。（我会好好去看八目码的字了，因为我很好奇，能够让我味蕾如此雀跃的咖啡叫什么，来自哪里，经历了什么，又是怎么来到我的身边的。）"这是来自八目朋友的反馈。

"一个美的感受，常常是因为这个客观的对象，忽然让你感觉到你自己的主观生命跟它之间有了互动。"物件只有在人的使用下，才能实现其价值，就好像文字被"编辑"在一起才有了语义。同样的，如果我们没有意识到这个咖啡角落可能创造出的生活场景，这些器具最终会被闲置甚至落灰。快节奏的生活让我们开始对有趣的事物无动于衷。

不过让我们欢喜的是，一些人从八目这里不仅摄取了咖啡因，也获得了新的咖啡饮用体验。我们最终需要的不是某些咖啡器具，甚至可能都不是特定的某杯咖啡，而是一个令自己感到舒服的自我空间。我们选择一些物件加入到这个空间里，在日复一日的使用过程中，逐渐累积出这个生活空间特定的美学内容：从平方米的物件摆设到立方米的使用互动，可居住性有很大的部分是在创造自己的现实。

当和服遇到咖啡

关根由佳

因为穿着和服在京都岚山的 %ARABICA 做咖啡而走红的她曾经是一位歌舞伎。
离开了 %ARABICA，她还是经常穿着和服做咖啡，在咖啡节、市集、京都大阪
的咖啡馆里驻场，将和服的温柔精致与咖啡的美味结合在一起。

与咖啡的故事要从我 14 岁说起。我的母亲曾经是一名歌舞伎。在与母亲的一次闲聊中我开始了解这个职业。在那背后是一个光芒四射魅力无穷的世界，与此同时这个世界严格地遵循着日本传统礼仪的规则。那个世界叫作"hanamachi"，汉语意思是"花之镇"，是京都的一个艺伎区。我被那个充满未知、独一无二的新世界深深地吸引，15 岁的我决定独自一人前往京都。自那时起我的生活发生了戏剧性的改变。我经历了很多对于一个十几岁的孩子来说非常困难的事情，而那种纪律严格的生活也塑造了今天的我。

只要一有休息的时间，我就会溜出教室，去当地的一家吃茶店（日式咖啡馆）喝茶或者咖啡。我对咖啡的爱就是从那时候开始的。从事歌舞伎 6 年之后，已经21 岁的我需要做出决定，是转做艺伎，还是选择"退休"。最终我选择了离开那个世界。在"花之镇"的6 年中，除了新年假期之外，我每隔三个月才能穿一次普通的衣服。和服以及穿上它之后需要遵守的严格礼仪已经成为了我的习惯。从"花之镇"的神奇世界"毕业"之后，我想去追寻一些完全不同的事情，于是我决定去学习自己一直都很喜欢的咖啡。

我非常幸运地被京都岚山的 %ARABICA 咖啡店录取，在那里作为咖啡师工作了两年。离开京都后，我开始在大阪的 Lilo 咖啡馆兼职，与此同时我也是穿着和服做咖啡的自由咖啡师，我的个人品牌就叫作 Coffee Sekine Yuka。

我热爱咖啡，因为它带给了生命许许多多的可能性。它能够改变人们的交流方式以及空间的整体氛围。在我初次进入咖啡行业时，我就爱上了它，它如此之有魅力，给人们带来快乐和笑容。我第一次在新年时穿和服做咖啡是在 %ARABICA，当时那种咖啡馆、和服和咖啡共存的和谐氛围让许多客人感到惊喜和美好。

在那时，我意识到普通人其实很少有机会接触到和服。人们知道和服，但是并不知道在什么场合穿它们。

和服如此，咖啡亦然。人们可能一直在喝咖啡，但是并不知道用什么器具，以及怎样做一杯好喝的咖啡。比起和服，咖啡对人们来说已经非常熟悉了，但仍然有非常多的人没有完整地见过冲煮咖啡的全步骤。当然，我不认为人们在享用咖啡和欣赏和服的时候有任何的困难，虽然确实需要有一些知识背景。但不管我们如何从专业角度去评估一杯咖啡，只要人们觉得他眼前的那杯咖啡是美味的，那就足够了。

尽管我认为咖啡技术非常重要，但我并不会特别强调它，而是更多地关注咖啡在创造对话和改善氛围方面的作用。同时借助它去跟人们分享日本传统的和服文化、美妙的咖啡，以及我对它们的热爱。这就是我运营 Coffee Sekine Yuka 的目的。

我通常都用 Hario 的 V60 粉色滤杯或者 Torch[1] 的小山峰滤杯。我用的咖啡壶是一个叫作 Miyaco[2] 的公司的产品，它的形状受到茶道的启发。

---

1. 火炬（Torch）是一个日本咖啡器具品牌。
2. 米雅可（Miyaco）是一个日本厨房用具品牌。

人活着没有咖啡，
跟咸鱼有什么区别？

雪梨高

雪梨高：坐标大连的生活方式博主，职业：自媒体人，微信公众号：ShirleyGao

日常化的声音总是能让人安心，好像连风都有生活的意义。喝咖啡这件事，是如何成为她日常生活中重要一部分，雪梨高对此也语焉不详，她说那是种自然而然而又扯不清砍不断的"神秘力量"，可以解读为：就是每天靠咖啡续命！

有人说，世界四大合法的成瘾品类是烟草、酒精、咖啡和互联网，在雪梨高的字典里，人活着没有咖啡，跟咸鱼有什么区别？

日常工作中，雪梨高总会动员员工喝咖啡，妄图以"精诚所至"来撼动咖啡小白们对酸苦概念的拒绝，堪称苦口婆心，但她最近已经败下阵来，转为休养生息。

每当这时，她就会回想自己和咖啡的故事，那些酸、甜、苦似乎早已成为味觉记忆库中无法割舍的一部分，那么她是如何认识和爱上咖啡的呢？

2013 年的那个夏天，雪梨高第一次接触精品咖啡。在大连一家叫作"咖啡之旅"的咖啡馆，她在人生中初次完整地围观了手冲咖啡的全部制作过程，并在虹吸壶的美貌中交出了自己的心。而在此之前，她只是对咖啡馆的环境比较迷恋，对咖啡几乎没有认知，加奶加糖的意式咖啡是全部认知。哦，她说那时只觉得咖啡很苦和时髦。

后来慢慢地喝得多了，犹如打开一个新世界，肯尼亚咖啡中丰富的酸和曼特宁厚重的苦，竟成为了她的一种味觉记忆。

喜欢咖啡之后，她变成了一个重度嗜咖啡者，在单位里同事的菊花枸杞养生茶上线，她是手冲咖啡度过上午下午的西式人生。她说，当你发自内心地喜欢上咖啡，它的一切包括缺陷在内都是美的，成为日常离不开的存在之后，咖啡的一切在她这里都是可以接受的。

最初，雪梨高常去熟悉的咖啡店里观摩咖啡师的冲煮方法，像一个被"十万个为什么"附体的熊孩子，在咖啡师面前不停地问东问西，学习手冲的技法，买咖啡店店主烘焙的咖啡豆回家尝试……

有很长一段时间，咖啡是她日常拍照的当家主角，通过咖啡去表达喜悦和生活方式，她将诸多照片发布到照片墙（Instagram）、微博等社交平台，获得了颇高的人气。

作为一个在大连乃至全国都拥有一定影响力的生活方式博主，雪梨高从传统媒体转战新媒体创业之初，也是把"咖啡"作为她内容创作的重要选题。在这个过

程中，她遇到了咖啡行业中许多有趣的人，他们热情、执着、单纯、自由，这给她不论从精神还是思想上都带来了新的火花。

对于咖啡的口味，她说自己是个喜新厌旧之人，总会不自觉地"贪新"：某个时间段很喜欢日晒处理的浓郁野性，过段时间又迷上水洗咖啡的干净；前些天还喜欢中浅烘焙的花香、水果风味，这边厢又钻进深烘焙悠长回甘的怀抱无法自拔。所以，她觉得咖啡既受品类技术的影响，又受情绪的左右，那是喝一杯咖啡时附带的丰富体验感，无法割舍的也是这一部分。

最初喝咖啡的阶段，她也是买了全套的咖啡器具，严格按照咖啡师的指导去做。但是喝了这么多年咖啡，她渐渐不再依赖器具，也不在纠结于标准，每天喝一杯，自己想要的研磨度、水温和冲煮方法已经镌刻在手感和头脑里，不再煞有介事地依赖电子秤温度计等。日常的一杯咖啡已经脱离最初的仪式感，它节省时间，提高工作效率，成为一种习惯。新媒体创业者是没有休息日的，白天可能都在跑流程、沟通客户，有很多很多的细节要记，而喝杯咖啡的时间，可能才是一天中唯一的留白，提神醒脑，不用思考，单纯地满足身体需求。

当咖啡变成一种日常的需求，不再受外在冲煮方法的束缚，那些不确定的细微之差，那些因不再拘泥于标准而获得的自由，那些凭借感知做出的判断，最后得到的入口体验，带着生活的温度。

雪梨高说，现在咖啡是她内心小世界里的重要部分，她相信和依赖咖啡，咖啡不需要向她确定什么，咖啡在她的世界里从来不会不安……

图片为「痣 birthmark」的 "一人咖啡具"

金点处刚好为 150mL，
透过金属架的空隙，
可以观察和控制咖啡液的位置。

今天有今天的器皿

文：刘柏煦／插图：青柏／摄影：甲上

很庆幸国内的朋友们在接触精品咖啡的时候，已经是在接触一个完整的体系了，有不少完善的工具可以使用。我自己在喝几年手冲咖啡以后，因为职业的关系，也琢磨着是否可以有些不同的表达。

有人问过我，已经有了那么多杯子，你们怎么还在设计。没错，就像大自然在呈现物种的多样性，我们也在呈现物质的更多可能。设计的驱动力，一个来源于用的实际需求，另一个就是为体验提供新鲜的内容。

一个有趣的现象，西方喝热饮的器皿，多数有把手，包括咖啡杯和茶杯。而中国热饮的传统茶杯，就没有把手，一定是通过手的触摸来完成身体对温度的首次认知。有一次记者问深泽直人，什么是好设计，深泽指指旁边的一只双层的玻璃杯说："我可以告诉你什么不是好的设计，对于水温来说，这只杯子具有欺骗性。"最早喝东西的容器是人的双手。不同工艺的产生让人们可以制作自己想要的容器。从最早的直接接触液体到后来带把手的杯子，液体和喝东西的人之间的亲密关系越来越疏远了。相比带把手的杯子，没有把手的杯子似乎能让更多感官参与到喝东西的过程中。可以说在这种情况下，手也在喝东西。

在喝热饮时，杯子表面不同温度的分布，让手自觉地选择适合的温度区域和位置。同时，在直接用嘴唇试探温度之前，一点耐心的等待和重视手的直接参与会是更聪明的选择。

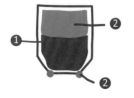

❶ 烫手区域
❷ 可接受温度区域

如何让没有把手的杯子拿起来更舒服更顺手？杯壁垂直的杯子拿起来主要依靠手指和杯子表面的摩擦阻力，当杯子和液体的重量增大时需要加大握力来保证杯子不会下滑。杯壁向外倾斜的杯子就会把一部分重量分给手的托举力，这样的杯子拿起来更省力。如果你想要一个杯壁垂直拿起来又省力的杯子，那就得考虑在底部做一些可以托举的结构，比如，一个斜切面。

除了材质的不同体验，杯沿的结构给嘴唇带来的体验也很不同。不同体验主要来自于杯沿和嘴唇接触的方式和面积。

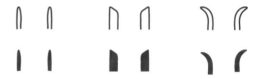

光滑湿润的厚杯杯口带来大面积的刺激嘴唇的体验，这样的体验你只有在亲吻时才能获得。

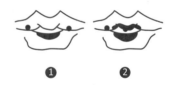

❶ 薄口杯和嘴唇接触的范围
❷ 厚口杯和嘴唇接触的范围

而且对于精品咖啡而言，感知温度也是非常重要的环节。有时要去掉杯子多余的部分，完成对温度的直接认知。有些时候，看上去缺少的部分，反而提供了另一种体验。

我在日常使用一人咖啡具较多，这样能省去咖啡壶，省去一道温度和香气流失的环节，或者说更理想化的改变——少洗一把壶。我偏爱中深焙咖啡豆，冲泡粉水比 1：10，水温控制在 78 ～ 82℃。

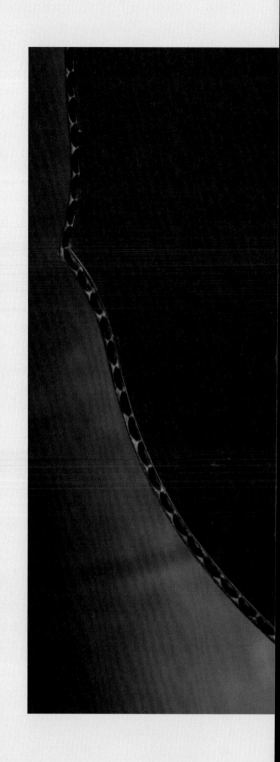

附录：冲煮咖啡小词典

技术名词与专业术语

萃取率

咖啡豆在冲煮过程中失去的重量占使用咖啡豆的比例，最佳萃取率是在可析出物中萃取60% ～ 70%。

浓度

萃取出的咖啡物质占总咖啡液体的比例。

粉水比

冲煮咖啡所使用的咖啡粉与水的重量比。

水温

特指冲煮咖啡所使用的水温，一般来说在84 ～ 96℃之间。

研磨度

特指咖啡豆研磨成粉的颗粒大小。

萃取时间

指从闷蒸开始到冲煮结束所使用的时间。

烘焙度

咖啡豆烘焙的程度，常见的有极浅烘、浅烘、中烘、深烘焙等，烘焙度越浅，咖啡豆前段的风味越明显，烘焙度越深，咖啡豆的苦味越重。

闷蒸

英文用"Bloom"表示，指在手冲过程中，正式注水前，将少量热水均匀地润湿咖啡粉表面的预备动作，目的是让咖啡中的二氧化碳充分释放。

注水

指闷蒸后正式的冲煮过程。注水可以分段，也可以一次性注完；常见手法有在咖啡粉中间注水、在咖啡粉表面画圈注水以及滴水法等。

咖啡风味

精品咖啡的风味由多个部分组成，包括水溶性滋味、挥发性香气以及无香口味的口感。咖啡的风味与咖啡豆本身和烘焙度都有关系，而冲煮方式也会影响风味的呈现。

生豆处理

指咖啡红果（coffee cherry）采摘之后经过清洗、晾晒、去果肉等方式成为生豆（green bean）的处理过程。常见的处理法有日晒、水洗、半水洗、蜜处理等，处理法对咖啡豆的风味会产生一定的影响，比如，水洗处理法的咖啡豆口感会轻盈干净，日晒处理法的咖啡豆会有浓烈的甜感。

咖啡小知识

1 埃塞俄比亚：咖啡基因宝库

埃塞俄比亚是咖啡的原产地，被誉为咖啡基因的宝库，很多著名的咖啡豆种都源自埃塞俄比亚，直到现在每一年都会有新的豆种被发现。但是当我们购买埃塞俄比亚咖啡豆时，会发现在豆种这一栏写着"原生种"，使用这种统称的原因是这里的农业种植方式非常粗犷，很多野生的咖啡树和咖啡农的咖啡种植地是混在一起的，难以区分。这也是埃塞俄比亚产出的咖啡豆风味非常复杂的原因。

2 咖啡的起源

关于咖啡起源的传说有很多，传播最广也为最多人所知的就是"牧羊人的故事"。因为年代久远，牧羊人的故事也有很多个版本：大约公元六世纪时，有位牧羊人在非洲埃塞俄比亚的大草原放牧时，偶然发现他的山羊在吃某种红色果子之后变得很兴奋，于是牧羊人自己也尝试了一下，发现这种红色果实的味道酸甜，并且有提神的功效。这种果实被带到了红海对岸的也门，那里的苏菲派穆斯林将果子的种子烘焙，磨成粉，冲煮饮用，让他们可以在修行中保持清醒。这种植物的种子在教徒之间传播开来，而"咖啡"这个词在阿拉伯语中的发音为"qahwah"，它的含义是"冲泡、沏"。后来咖啡被当时开拓疆土的阿拉伯军人传播到土耳其、希腊，并慢慢被欧洲人所喜爱。英文的"coffee"来自希腊语"Kaweh"，含义是"热情与力量"。

咖啡最初在埃塞俄比亚的卡法森林（Kafa Forest）被发现，在也门被大量地种植，并从摩卡港出口到世界各地，也门曾经一度垄断了世界咖啡市场。后来荷兰人偷偷将咖啡种子带到了荷兰，在温室中进行培育，1615 年之后在印度尼西亚进行大量的种植，使得咖啡在全世界得到了更广泛的传播，有了专门售卖咖啡的咖啡店，并在世界各国形成了具有特殊历史文化意义的地域性咖啡文化。

瑰夏：咖啡中的贵族

3

瑰夏原产于埃塞俄比亚的瑰夏山（Geisha Mountain），1931 年这个豆种被输出到肯尼亚，辗转于坦桑尼亚、哥斯达黎加，在 20 世纪 60 年代被移植到巴拿马。

经过半个多世纪的培育，瑰夏豆种几乎超越了所有其他豆种，在巴拿马国宝豆杯测中大放异彩。在 2007 年美国精品咖啡协会（SCAA）举办的杯测比赛中夺魁，竞标价高达每磅 130 美元。瑰夏明亮的干香气十分上扬，有着玫瑰和茉莉花香的特质，以及蜜柚和柑橘的香味，浅烘焙有坚果香气；瑰夏的湿香气同样有榛子味道，并能涌现出更多的花卉特质，入口有草莓酱的甜感和触感。跟瑰夏一样昂贵稀有的咖啡，还有牙买加的蓝山咖啡、夏威夷岛的可娜，以及也门的乌黛妮。

云南咖啡：未来可期

4

云南南部、东南部和西部的普洱、西双版纳、文山、保山、德宏、临沧等地，都是云南小粒种咖啡种植的分布区。随着第三波精品咖啡浪潮进入中国，越来越多的人开始关注中国云南产区。云南各地区有着不同的风土环境和小微气候，每个庄园可以因地制宜使用不同的处理法，打造出风味独特的咖啡。

2015 年 Seesaw Coffee[1]发起了云南计划。计划的核心为"共同的价值观"，即以共同的认知为基础，与当地咖啡农一起改变云南咖啡的未来。他们来到云南，跟不同的庄园交流，花费大量时间与种植者相处，培训他们了解市场的需求，学习鉴别咖啡豆的品质，也运用他们在世界上其他咖啡产地学习到的处理方式，来优化云南精品咖啡豆的风味。除了 Seesaw Coffee，还有许多致力于发展云南咖啡的业内人士在近几年来到云南，深入产区与咖啡农合作，为提高云南精品咖啡的质量持续努力着。

1.Seesaw Coffee: 国内第一批独立精品咖啡品牌。

5

天生不含咖啡因的咖啡

很多人不敢喝咖啡，担心会影响睡眠，因为在我们的认知里，咖啡肯定含有咖啡因。虽然市面上也有通过特殊工艺的脱因咖啡，但是你知道其实有一些咖啡是天生不含咖啡因的吗？

人们最早发现的野生无咖啡因咖啡，是在非洲东部的肯尼亚，名字叫"*Coffea pseudozanguebariae*"。后来人们又在非洲喀麦隆发现另一个不含咖啡因的品种，名字叫"*Coffea charrieriana*"。

而在印度洋群岛的咖啡生长区，科学家研究了 47 种原生咖啡的咖啡豆，发现有 30 种不含咖啡因，另外 17 种咖啡因含量极低（0.01～0.20%）。在那里没有咖啡因是常态，有咖啡因才是另类。

6

咖啡能够有助于减肥？

咖啡确实有助减脂，科学家对咖啡成分做了大量的试验后得出了以下结论：

咖啡中的绿原酸能够通过下调固醇调节元件结合蛋白 1c（SREBP-1c），抑制脂肪和胆固醇的合成，显著降低总胆固醇和肝脏甘油三酯的水平，从而减少脂肪堆积。咖啡因能够延缓体内脂肪吸收，降低血清甘油三酯的水平，同时增加代谢，消耗更多热量，起到减肥的作用。咖啡中的其他成分（如，葫芦巴碱、多糖等）对抑制脂肪合成、增加饱腹感、减少能量摄入也起到了一定作用。

7

咖啡能够抵抗龋齿？

龋齿的产生缘于口腔中致龋细菌的繁殖，主要是变异链球菌（*S. mutans*），变异链球菌会将饮食中的碳水化合物转变为酸，酸性的环境使得牙齿溶解，从而导致龋齿。研究发现，咖啡中的绿原酸、葫芦巴碱等成分能够有效抑制变异链球菌的生长，而咖啡因的存在使得这种抑制效果更加显著。咖啡中的绿原酸和葫芦巴碱耐热性较差，烘焙程度越深，这两种成分损失越大，对变异链球菌的抑制效果就越差。所以，烘焙程度越浅，抗龋齿效果越好。

咖啡豆的烘焙度

8

现在常被探讨的烘焙度，由浅入深的顺序是：轻度烘焙、肉桂色烘焙、中度烘焙、中深度烘焙、城市烘焙、全城烘焙、法式烘焙、意大利式烘焙。这些名称主要依据的是美国对咖啡豆烘焙度的命名。烘焙度与咖啡的风味有非常紧密的联系。总的来说，深烘焙的咖啡豆会比浅烘焙的咖啡豆的苦味更强、酸味更弱。但不同种类的咖啡豆会在不同的烘焙度下，呈现出不同的风味变化。比如优质的阿拉比卡咖啡豆，在深度烘焙后也具有明显的酸味。烘焙师在选择咖啡豆的烘焙程度时，会参考咖啡豆的品种、海拔、产地、处理方式，以及当下的市场偏好。

咖啡浪潮

9

咖啡发展至今，在全球范围内经历了三次重大变革，每一次变革都被称为"咖啡浪潮"。

第一波咖啡浪潮发生在"一战"至"二战"期间，工业化操作各种良莠不齐的咖啡豆，导致咖啡口味与质量一般，速溶咖啡和罐头咖啡迅速崛起，全力推进咖啡的商品化。

第二波咖啡浪潮发生在 1966 年至 2002 年，咖啡行业开始注重对咖啡品质的追求，"现磨咖啡"风靡全球。以星巴克咖啡为首，主打"第三空间"概念的商业咖啡馆在全球范围内迅猛发展。

第三波咖啡浪潮发生于 2002 年至今，咖啡行业开始加强重视咖啡产品自身的质量。咖啡生豆有了严格的等级划分，对于咖啡烘焙、咖啡萃取、咖啡品鉴都有了精细化的完整标准体系。

10

"冷萃取"咖啡

除了我们在本书中所介绍的冲煮咖啡和意式咖啡以外，"冷萃取"的咖啡也很流行。

冷萃取的咖啡主要分两种：冷萃咖啡（Cold Brew Coffee）和冰滴咖啡（Cold Drip Coffee）。

冷萃咖啡：将咖啡粉浸泡在室温（或者低于室温）的水中 6 个小时或者更长时间，分离得到的浸泡液就是冷萃咖啡。闻起来风味更加浓郁，不过苦味和涩味也相对突出。

冰滴咖啡：将室温（或者低于室温）的水慢慢滴到咖啡粉上面，收集滤过的咖啡液，得到的就是冰滴咖啡。冰滴咖啡在口感上会突出酸甜感，长时间的萃取还会带出发酵的酒香。

关于喝咖啡

冰的

热的

意式

单品

加奶

充氮

手冲

虹吸

这些只是体会

———————— 最 重 要 的 是 坐 在 对 面 的 那 一 位 对 你 的 味

摄影师：Eric 小舞
咖啡师：小侗 Randy

拍摄花絮

后记

文：赵悦

2018 年的夏天，在确定出版《行走的咖啡地图：在北京》时，就萌生了想要出一本"工具书"的想法。彼时我们喝咖啡多半都是自己在家做手冲，遇到的咖啡爱好者最多的疑惑也是"为什么我在家里做的咖啡就不好喝呢？我要如何开始在家做咖啡？"这样的问题，所以我们就想："嘿！我们来教大家做咖啡吧。"

本来想要写这本历时一年终于能与大家见面的书，在采编和拍摄方面的各种辛酸，毕竟想法只用拍拍脑袋，真正实现起来却是困难重重。但想到我们也是足够幸运，得到那么多人的帮助，最终能够出版这本书。

感谢杜嘉宁、粕谷哲（Tetsu Kasuya）、李思莹、陈冠豪、潘志敏、黄俊豪、阿光（王启棱）、铃木树、张晓博、胡颖，这十位"重量级冠军"的鼎力相助，是我们在后期出版过程中遇到诸多困难时还是坚持要出版这本书的源动力。

第一位接受采访的咖啡师，就是我们国家的骄傲，刚刚代表中国获得 WBrC 冠军的杜嘉宁（豆子）。当时在南京的 UNiUNi，刚刚拿到中国赛区冠军的豆子还没有参加世界比赛，晚上的分享活动和拍摄之后进入采访环节，我们三个人的眼睛都是拿火柴棍撑着才能不闭上的状态，豆子还是非常耐心地回答了我们的每一个问题，细致地讲解了她的冲煮心法和"冠军之路"。

"好咖啡不分国界"并不是一句空话。在图片墙（Instagram）上联系铃木树（Miki Suzuki）的时候，她很开心地答应了我的采访邀请。在上海工作收尾之后，她专门抽时间出来在香记咖啡学院接受了我们的采访。

其他的每一位冠军，也都是给予了我们最大的配合，下了高铁就赶来 Invisi 的李思莹，回香港的航班之前在 SeeSaw 751 拍摄的陈冠豪，回东京之前的早上拖着行李箱赶来接受采访的"空中飞人"——粕谷哲，为了协助我们，还特意重新研究 KONO 滤杯适合初学者的使用方法的潘志敏，帮忙协助场地、经常请我们吃饭的张晓博，当咖啡师比赛评委、品牌策划人、自行车赛车手的间隙还在两家不同的鹰集咖啡接受了两次我们的拍摄采访的王启棱，在广州出差连轴转但还是来 Hey Coffee 教我们用 Chemex 咖啡滤壶的胡颖，当然还有一直支持、鼓励、帮助我们的黄俊豪。

还要感谢视频剪辑——天降神兵 Jeffery。当时在上海，我们跟粕谷哲约好 8 点钟在 BlackSheep Espresso 拍摄。早上 6 点多在上海繁忙的地铁上想着谁能帮忙拍摄视频，刷朋友圈解压的时候，正好看到不知道什么时候加的网友发朋友圈问谁有拍摄视频的需求。一句朋友圈下面的回复，让 Jeffery 在早上 8 点出现在我们面前，之后负责了上海部分的所有视频拍摄和剪辑工作。这大概是"得道者多助"的意思吧？

还要感谢很多人，帮忙联系粕谷哲、翻译日文的可亲可爱的艾琳，帮忙检查信息、协助我们采访 Miki 的吴巧雯，雪中送炭借 Chemex 咖啡滤壶给我们的素未谋面的网友 Allen，借我们冲煮器具拍摄的吕枭和他的朋友们，Blue's Espresso Bar，还有 CoffeeZen。

最后感谢所有给予我们支持和厚爱的读者！
希望你们喜欢这本书！
行走的咖啡地图 敬上

图书在版编目（ＣＩＰ）数据

翻滚吧！咖啡：像冠军咖啡师一样冲咖啡 / 高雪，

赵悦编著 . -- 北京：中国画报出版社，2019.10

ISBN 978-7-5146-1774-0

Ⅰ . ①翻… Ⅱ . ①高… ②赵… Ⅲ . ①咖啡－基本知

识 Ⅳ . ① TS273

中国版本图书馆 CIP 数据核字 (2019) 第 168922 号

翻滚吧！咖啡：像冠军咖啡师一样冲咖啡

高雪 赵悦 编著

出 版 人：于九涛
策划编辑：赵清清
责任编辑：齐丽华　赵清清
装帧设计：BRAND
责任印制：焦　洋
出版发行：中国画报出版社
地　　址：中国北京市海淀区车公庄西路 33 号　邮编：100048
发 行 部：010-68469781　010-68414683（传真）
总编室兼传真：010-88417359　版权部：010-88417359
开　　本：16 开（787mm×1092mm）
印　　张：10.5
字　　数：88 千字
版　　次：2019 年 10 月第 1 版 2019 年 10 月第 1 次印刷
印　　刷：北京汇瑞嘉合文化发展有限公司
书　　号：ISBN 978-7-5146-1774-0
定　　价：88.00 元